U0161526

图解数据科学

図解まるわかり データサイエンスのしくみ

[日] 增井敏克◎著　姚山宏◎译

中国原子能出版社　中国科学技术出版社

·北　京·

图书在版编目（CIP）数据

图解数据科学 /（日）增井敏克著；姚山宏译 .—
北京：中国原子能出版社：中国科学技术出版社，
2023.11
ISBN 978-7-5221-2937-2

Ⅰ.①图… Ⅱ.①增… ②姚… Ⅲ.①数据处理—图
解 Ⅳ.① TP274-64

中国国家版本馆 CIP 数据核字（2023）第 161603 号

策划编辑	何英娇	**执行策划**	王碧玉
责任编辑	付 凯	**文字编辑**	杨少勇
封面设计	仙境设计	**版式设计**	蚂蚁设计
责任校对	冯莲凤 邓雪梅	**责任印制**	赵 明 李晓霖

出 版	中国原子能出版社 中国科学技术出版社
发 行	中国原子能出版社 中国科学技术出版社有限公司发行部
地 址	北京市海淀区中关村南大街 16 号
邮 编	100081
发行电话	010-62173865
传 真	010-62173081
网 址	http://www.cspbooks.com.cn

开 本	880mm × 1230mm 1/32
字 数	216 千字
印 张	7.25
版 次	2023 年 11 月第 1 版
印 次	2023 年 11 月第 1 次印刷
印 刷	北京华联印刷有限公司
书 号	ISBN 978-7-5221-2937-2
定 价	69.00 元

（凡购买本社图书，如有缺页、倒页、脱页者，本社发行部负责调换）

前言

我们开始使用“数据科学家”一词，已经是十多年之前的事了。与此同时，“数据科学”这个词也常常被人提及。伴随人工智能（AI）、物联网（Internet of Things，IOT）技术越来越受关注，投身数据分析工作的信息技术（IT）工程师与日俱增。在越来越多的案例中，人们借鉴他人的分析结果实现了系统化。人类在商业活动中广泛运用数据的时代或许即将到来。

人们对于分析稍有了解，就容易产生使用高级分析方法的想法。然而，即便我们采用了高级分析方法，如果信息接收方不能理解这样的方法，那也是毫无意义的。

从事分析工作的人原本就了解各种分析方法，对于新的方法，通过调查也能达到熟悉的程度，可是，信息接收方对于分析方法并不熟悉。

因此，在采用不同的方法得到的结论相同时，我们应该采用简单的方法。有时我们无须使用高级统计方法、机器学习方法，仅仅绘制简单的图形就足够了；有时我们无须进行精确的数值数据分析，而是使用简略的图解方式就足够了。

不过，我所要表达的绝不是信息接收方无须进行任何学习。信息接收方不能只图自己方便，一味要求对方使用简单的分析方法。从事分析工作的一方需要学习，信息接收方也需要学习。

在这本书中，我采用图解方式针对各种各样的分析方法进行了概要介绍。因为只是进行了概要介绍，所以那些想要详细了解各种分析方法的读者还是需要阅读其他的专业图书。如果各位只是想了解现在都有哪些分析方法，这些方法各自有哪些特点，那么阅读这本书就足够了。敬请各位在把握数据的分析方法和处理要点的基础上，对手上的数据充分加以利用。

增井敏克

目录

第 1 章 数据科学的支撑技术

- 应对未来需求高涨的必修课 -

第 2 章 数据的基础
- 表示方法与读取方法 -

第 3 章 数据处理与充分利用

- 对数据进行分类和预测 -

第 4 章 需要了解的统计学知识

- 立足于数据推测答案 -

第 5 章 需要了解的有关人工智能的知识

- 常用的手法及其机制 -

第 6 章 有关安全与隐私的问题

- 数据社会将走向何方 -

第1章

数据科学的支撑技术

—应对未来需求高涨的必修课—

数据与信息有何区别

在生活中，我们常常需要对未来做出“预测”“预估”（图 1–1）。这样做的时候，我们虽然可以依靠经验和直觉，但是也会寻找以往的数据，通过问卷调查、网络等收集必要的信息。**收集尽可能多的准确数据有助于提高预测、预估的准确性**，因此数据也被称为“21 世纪的石油”。

此时，我们需要对数据与信息加以区分。人们常说“数据代表已经发生的状态”“信息处于可供使用的状态”。按照这个说法，我们可以这样理解，数据并不处于可供使用的状态。在直观的印象中，数据是“数字的罗列”，是“按照一定的形式收集起来的事物”。可以说，数据是便于计算机处理的事物，而信息则是“已被加工成便于人们使用的事物”“可供对方在采取下一步行动时使用的事物”（图 1–2）。

将数据转化为信息

如果各位听到“当前气温为 18 摄氏度”的播报时，会有什么感觉呢？这个“18 摄氏度”是一个数据。如果是夏天，各位会感到“凉爽”，如果是冬天，各位会感到“有些热”吧。如此，即使我们获得的数据相同，但由于所处环境的不同，我们获得的信息也会不同。

便利店的店长或许会根据次日的天气预报思考是否“增加冰激凌的库存”“减少关东煮的订货量”，孩子的父母或许会根据天气预报为上学的孩子做出增减衣物的判断。

此时，我们需要的是气温这一“数据”，是电视台的播音员所播报的“信息”。有了正确的数据作为支撑，传递内容的可信度也会得到提升。

图1-1 需要对未来做出预测、预估的情形

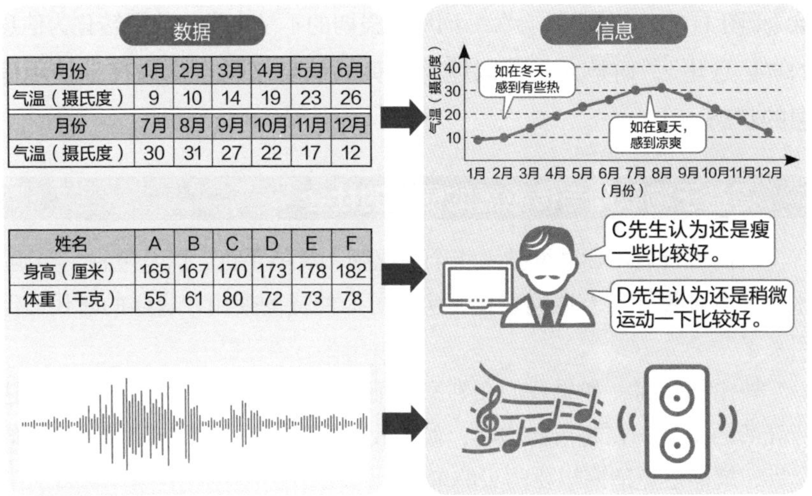

月份	1月	2月	3月	4月	5月	6月
气温（摄氏度）	9	10	14	19	23	26
月份	7月	8月	9月	10月	11月	12月
气温（摄氏度）	30	31	27	22	17	12

姓名	A	B	C	D	E	F
身高（厘米）	165	167	170	173	178	182
体重（千克）	55	61	80	72	73	78

图1-2 数据和信息的差异

要点

- 收集大量的准确数据有助于提高预测、预估的准确性。
- 为了促使人们采取行动，需要将计算机易于处理的数据转换为人类易于使用的信息。

1-2 数据为何越来越多

信息化社会、物联网、信息社会、传感器

从信息化社会迈进信息社会

在第一次工业革命中，人类利用煤炭作为能源实现了轻工业的机械化，在第二次工业革命中，人类利用石油作为能源实现了重工业的机械化，在第三次工业革命中，人类应用计算机技术实现了机械的自动化。1970 年以来，伴随计算机的应用，信息的重要性不断加强，人类迎来了信息化社会。

这一趋势一直持续至今。近来，人们将人工智能和物联网所带来的高度自动化称为“第四次工业革命”、工业 4.0，称当今社会为“信息社会”（图 1–3）。“信息社会”一词所要强调的不是人类将数据转化为信息的“信息化”，而是**人们可以运用已有的信息技术自由自在地使用信息的状态**。

得益于物联网与传感器的便利的社会

人们可以运用物联网技术将个人电脑、智能手机，以及电视、空调、冰箱等各种设备与互联网连接，实现更为便捷的使用。这样的时代已经到来了。

外出回家时，如果我们在到家之前开启空调，到家时室内就可以达到舒适的温度。在超市购物时，如果我们用智能手机检查家中冰箱里的存货，就能避免遗漏想要购买的东西。

此外，如果在物联网设备上安装传感器，那么使用起来就更方便了。传感器可以监控室内亮度，发现室内变暗时会自动拉上窗帘，发现有人移动时会自动打开照明灯，发现室内变冷时会自动开启暖气（图 1–4）。

像这样，在信息社会中，信息对于实现设备之间的协调工作具有重要作用。

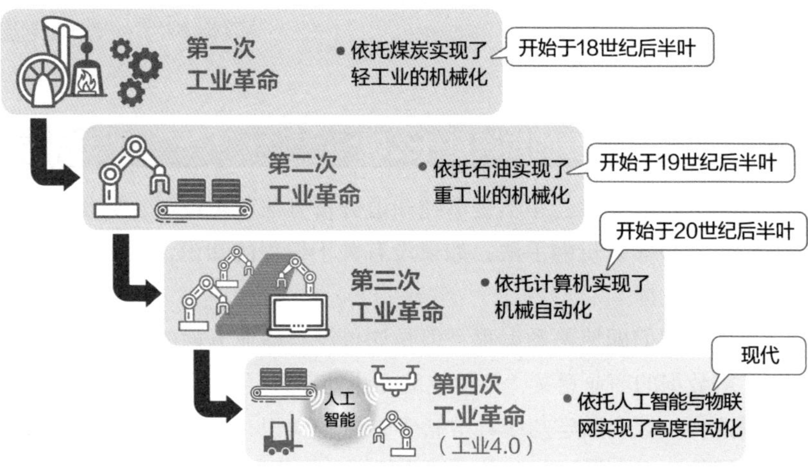

图1-3 工业革命

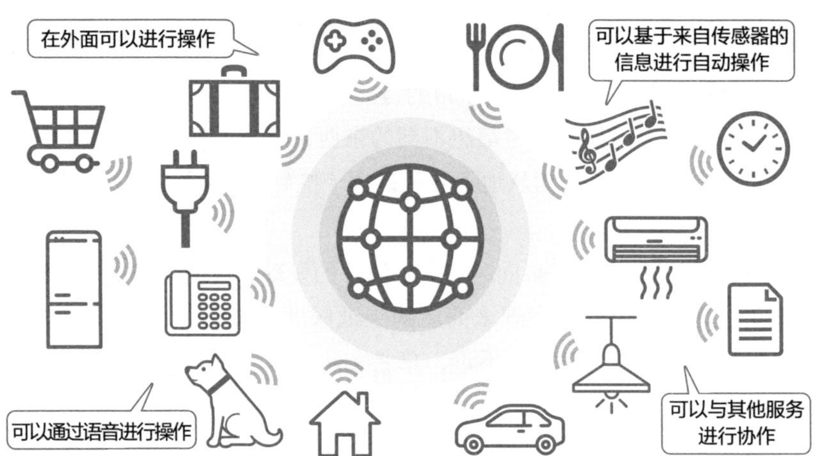

图1-4 物联网时代

要点

- 人类依托人工智能与物联网实现了高度自动化，人们称其为“第四次工业革命”。
- 人们运用物联网技术将各种设备与互联网相连，使生活变得更加便利。

1-3 综合各种知识进行分析

数据科学所需要的知识是什么呢

我们分析数据时，并不是单纯知道分析方法就可以了。那是因为即使我们了解数学分析的手法，如果没有关于编程的知识，也无法用程序处理实际的数据。

另外，我们即使熟悉编程，但是如果没有商业方面的数据知识，那就不了解数据的商业意义，自然也就无法处理数据。

像这样，综合数学与统计等科学领域的知识、编程与服务器构建等工程领域的知识、经济与经营等商业领域的知识等进行数据分析的科学，被称为“**数据科学**”（图 1-5）。

从数据中获得未知的知识与见解

在分析数据时，我们想要获得的是“新的知识与见解”。如果能从数据中发现人们无论如何思考都想不到的东西，那就太理想了。人们把从数据中获得新发现比喻为从地下开采矿物（挖矿），称之为“**数据挖掘**”（图 1-6）。

“买纸尿裤的人经常会同时购买啤酒”的发现令数据挖掘这一名词变得广为人知。据说人们发现来商店购买纸尿裤的父亲会同时购买啤酒。对于事情的真假，我们暂且不论，总之，这已成为人们谈论的一个有趣的话题。

像这样，数据挖掘就是指综合人工智能等技术对大量的数据进行分析，推导出数据的趋势，找到最优组合的工作。因为这种工作需要做高端分析，所以一般在大学等研究机构以及企业研究开发部门等进行，对于在这里获得的知识与见解，我们人类必须充分地加以利用。

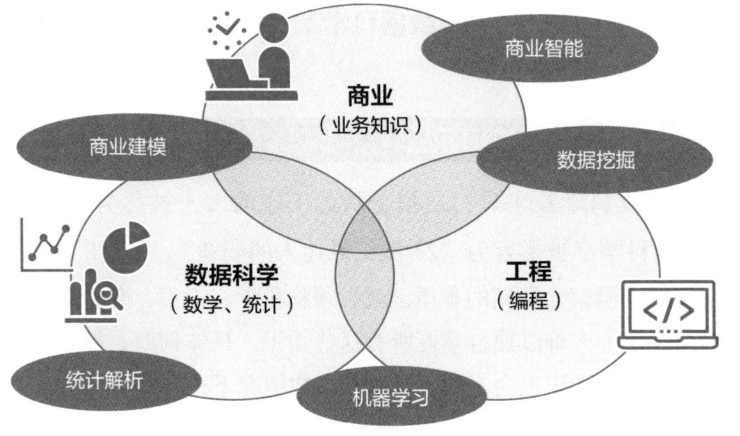

图 1-5 数据科学的相关领域

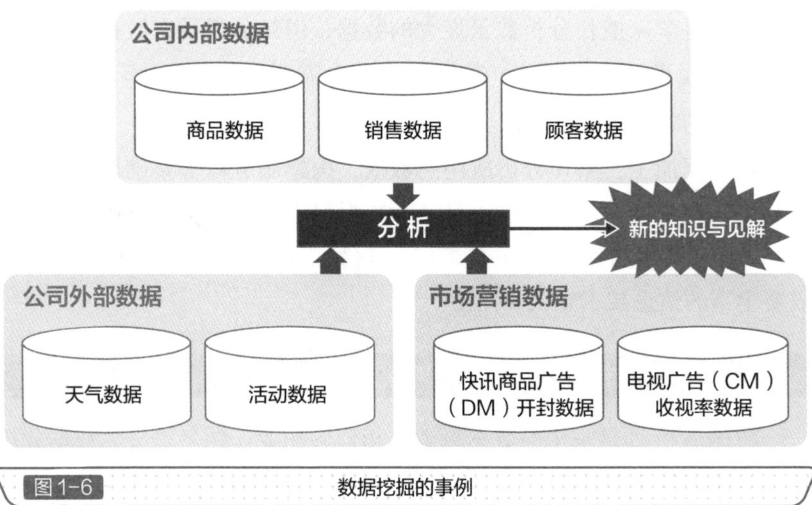

图 1-6 数据挖掘的事例

要点

- 数据科学需要广泛的数学、统计、编程及商业知识。
- 人们将通过对大量数据的分析获得人类未知的知识与见解称为“数据挖掘”。

从事数据分析的热门职业

运用数据科学技术进行数据分析等工作的人士被称为“数据科学家”。数据科学家被形容为“21世纪最迷人的职业”，引起广泛的热议。

我们要想洞察大数据的本质，就必须将科学、工程、商业知识结合起来。然而，一个人难以独自掌握所有这些知识。具体到商业领域，根据业务的不同，所需知识也会不同。所以在多数情况下，各有所长的人们会聚集在一起组成团队，作为一个部门开展分析工作（表1-1）。

为数据科学家提供支持的职业

数据科学家擅长分析数量庞大的数据，但是如果没有数据，那也是巧妇难为无米之炊。因此，数据科学家也需要包括被称为“数据工程师”在内的各种人士的支持。

除了要加工、整理分析所用的数据，构建服务器等基础设施，并建立利用云端进行数据分析的平台，为数据科学家提供有利于开展分析工作的环境是数据工程师的主要工作。这种工作所涉及的业务范围很广，需要丰富的信息技术知识（图1-7）。

为从数据分析到咨询提供支持的职业

数据分析师是一个与数据科学家相似的职业。顾名思义，数据分析师是指从事数据分析工作的人。数据分析师是指使用数据挖掘等方法进行数据分析并提供咨询服务的人。

人们有时也将兼任数据工程师和数据分析师的人才称为数据科学家。目前，在这两个领域，都有占据主导地位的大企业。

表 1-1 组织内部数据科学家的人员构成

人员构成	优点	缺点
由为数不多的天才构成 （每个人都精通各个领域的知识）	• 能够高效地开展分析工作 • 成本低	• 寻找人才比较困难 • 每个人的工作负荷比较重
由跨部门的人员构成 （人们在从事各自的本职工作的同时，参与分析工作）	• 能够有效运用相关的商务知识 • 成本低	• 由于分析工作不是主业，在时间分配方面会遇到困难 • 难以取得重大的成果
由集结于部门内的人才构成 （拥有各种背景的人员共同开展分析工作）	• 比较容易找到人才 • 取得重大成果时，效果会非常好	• 如果没有成果，就只会消耗高昂的成本 • 有可能会与实际业务脱节

图 1-7 数据工程师必备的知识

要点

- 由于单个数据科学家难以掌握广泛的知识，因此人们通常采用团队的形式进行数据分析。
- 数据工程师和数据分析师是比较接近数据科学家的职业。

1-5 数据不能直接拿来使用

结构化数据、非结构化数据

计算机容易处理什么样的数据呢

为了用电脑处理数据，**程序需要事先了解存储数据的文件的布局等。**

例如，如果是处理用逗号分隔值（CSV）格式保存的住址簿的程序，那么所处理的文件必须是以 CSV 格式保存的。此时，如果不按照第 1 列填入名字，第 2 列填入邮政编码，第 3 列填入住址那样，事先决定哪一列填写什么样的数据的话，计算机是无法处理的（图 1-8）。

像这样，在文件中的存储结构事先已做规定的，计算机容易处理的数据被称为“**结构化数据**”。结构化数据除了像住址簿这样的表格格式，还有可扩展标记语言（XML）以及 JS 对象简谱（JSON）等各种格式。

结构化数据具有便于搜索和排序等特征。如果是住址簿的话，可以对名字中包含特定文字的人进行搜索，也可以用邮政编码进行重新排列。

人类经常使用的数据

与结构化数据不同，像备忘录和日记那样，由简单的句子排列而成的数据被称为“**非结构化数据**”（图 1-9）。在日记中，即使写有什么人的名字，计算机也很难做出“那是名字”之类的判断。

人类可以通过对句子等的含义的理解做出判断，但是计算机并不知道在什么地方写着些什么。在搜索的时候，计算机可以对文字匹配做出判断，但是很难判断名字中是否包含特定的文字。

不仅对于句子，对于图像、视频和语音，道理也是一样的。如今，伴随着人工智能的发展，人脸识别技术已经出现，但是不得不说其识别精度依然不高。

CSV文件

```
姓名，邮政编码，住址，电话号码，电子邮箱
山田太郎，105-0011，东京都港区芝公园，03-1111-1111，t_yamada@example.com
铃木花子，112-0004，东京都文京区后乐，03-2222-2222，h_suzuki@example.co.jp
佐藤三郎，160-0014，东京都新宿区内藤町，03-3333-3333，s_sato@example.org
```

用表计算软件打开

姓名	邮政编码	住址	电话号码	电子邮箱
山田太郎	105-0011	东京都港区芝公园	03-1111-1111	t_yamada@example.com
铃木花子	112-0004	东京都文京区后乐	03-2222-2222	h_suzuki@example.co.jp
佐藤三郎	160-0014	东京都新宿区内藤町	03-3333-3333	s_sato@example.org

图1-8　结构化数据的实例

日记、博客等

仅通过语音、影像、图像数据无法进行搜索

今天，我和××君一起去了××地。从早上开始，天气一直很好，我非常开心。下次有机会，我还想去。

由于是句子，无从了解姓名写在哪里，住址写在哪里之类的信息

图1-9　非结构化数据的实例

要点

- 结构化数据是计算机易于处理的数据，人们对于这些数据的文件结构事先已做定义。
- 日记等中的句子被称为非结构化数据，计算机很难提取其名称和位置。

1-6 大量的数据是宝藏

大数据、3 个 V

3个V

数据科学之所以如此引人注目，是因为数据越来越多，已经超过了人类的处理极限。随着互联网的发展，许多人开始发送信息，而随着物联网等技术的发展、传感器的出现，各种设备也开始传播信息（图 1–10）。

这种大量的数据被称为“大数据”。普通计算机难以处理大数据。大数据所具有的“Volume ”“Velocity”“Variety”的特点被称为“3 个 V”。

Volume 顾名思义就是大量的意思。数据更新频繁，不能堆积，必须实时加以处理（Velocity）。Variety 是多种多样的意思，那是因为所要处理的数据不仅有结构化数据，也有非结构化数据（表 1–2）。

人们通过对这样的大数据的分析，有可能获得以往未知的知识与见解。

4个V、5个V

当然，现在也有在“3 个 V”的基础上加上“Veracity”（正确性）的“4 个 V”、再加上“Value”（有价值的）的“5 个 V”（图 1–11）。Veracity 一词所要表达的是，仅仅只有大量的数据是没有意义的，摈弃无用数据，将具有高度可信性的数据聚集在一起才有意义。Value 一词所要表达的是，**仅仅拥有数据是没有意义的，通过数据分析等手段解决社会问题，创造新的价值才有意义**。

未来，我们需要再加上“Virtue”（道德）这个 V，也就是说，考量处理数据的伦理观的时代已经到来。

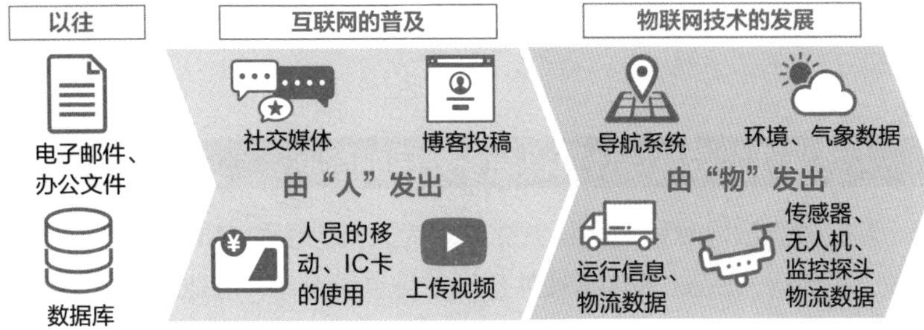

图1-10 数据不断增加的原因

表1-2 支撑3个V的技术

3个V	条件与技术
Volume（数量）	需要保存大量的数据 例：使用云，使用可扩展存储
Velocity（速度）	需要存储、高速处理频繁更新的数据 例：构建高速网络，在发生源附近进行保存、处理，使用高速缓存
Variety（多样性）	需要保存、分析多种多样的数据 例：使用NoSQL，使用语素分析、语音识别等技术

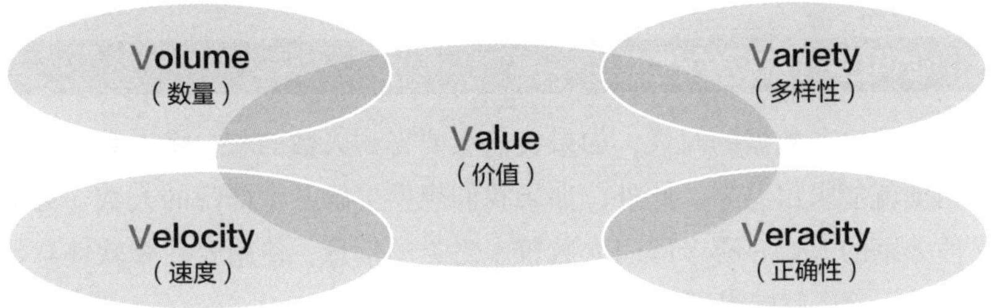

图1-11 5个V的示意

要点

✎ 大数据不仅容量大，而且处理速度快，数据种类繁多。

✎ 如今，除数据量以外，人们对大数据的准确性、价值等方面也开始有了追求。

1-7 人与计算机易于处理的数据不同

杂乱数据、整齐数据

人类易读的数据与计算机易于处理的数据

人们做演示的时候，会将数据整理为人类易读的表格形式。如果是表格形式的话，Excel 等计算软件也可以简单地处理，但是用程序处理起来可能会很麻烦。

比如，像表 1–3 这样的表格数据，在人类看来是已经过整理、容易理解的数据，但是用程序处理的话会很麻烦。表 1–4 所示的数据虽然与表 1–3 中数据具有同样的意义，但是对程序而言处理起来就比较容易。

表 1–3 所示的那样的数据被称为“杂乱数据”（messy data），表 1–4 所示的那样的数据被称为“整齐数据”（tidy data）。tidy data 一词是由哈德利·威克姆（Hadley Wickham）提出来的。他在论文中说明，整齐数据具有以下三个条件。即列表示项目，行代表一个数据。

①每个变量成一列。

②每个观察结果成一行。

③每种观察单位构成一个表格。

使用整齐数据的优点

使用整齐数据的时候，如果我们想要得到人数的和，将人数列的数据相加就能求出结果。此外，如果我们想要了解某个部门的人数、男性女性分别的人数、哪个部门人数较多之类的信息，使用表计算软件对数据列进行筛选就能得到结果（图 1–12）。

整齐数据的添加、删除、更新等操作也比较简单，重新排序也比较容易。

表 1-3 杂乱数据的实例

性别	财务部	总务部	人事部
男性	3人	5人	2人
女性	4人	3人	3人

表 1-4 整齐数据的实例

部门	性别	人数（人）
财务部	男性	3
财务部	女性	4
总务部	男性	5
总务部	女性	3
人事部	男性	2
人事部	女性	3

部门	性别	人数（人）
财务部	男性	3
财务部	女性	4
总务部	男性	5
总务部	女性	3
人事部	男性	2
人事部	女性	3

方便统计，可以进行重新排序、筛选操作

图 1-12 使用整齐数据的好处

要点

- 在表格数据之中，计算机容易处理的数据被称为“整齐数据”。
- 我们使用整齐数据时，比较容易进行数据的添加和删除的操作，以及排序和筛选等的分析。

1-8 把握供数据使用的数据

主数据、元数据

在组织内部实施数据集中管理

企业创建数据库时，通用的、必要的数据被称为“主数据”。例如，如果卖家没有对顾客的姓名、住址等信息进行登记，即使顾客下单购买了商品，卖家也无法发货。此外，如果卖家对商品的信息没有做登记，自然无法登记该商品的销售数据。

如此，**主数据是基础性的数据，对企业而言非常重要**。如果将主数据与其他的表格关联起来，可以实现各种各样的应用（图 1-13）。

在一些企业中，同一数据存储在多个场所，根据部门不同需要进行身份标识号（ID）的重新读取。像这样的对主数据没有执行统一管理的企业，就需要分别实施数据的集成。

供数据使用的数据

我们要想高效地管理数据，**就必须把握数据中存在哪些项目，数据是以什么样的格式存储的之类的信息。**由于数据不同，其内容各异，所以我们必须针对各种数据实施项目、格式上的管理。此时，我们需要使用的是元数据，元数据被称为供数据使用的数据（图 1-14）。

图像、语音、影像等文件的顶部设有存储元数据的区域，可与数据合并为一个文件存储起来。

另外，在数据库中，数据库管理系统（DBMS）具有被称为“数据字典”的元数据管理功能。

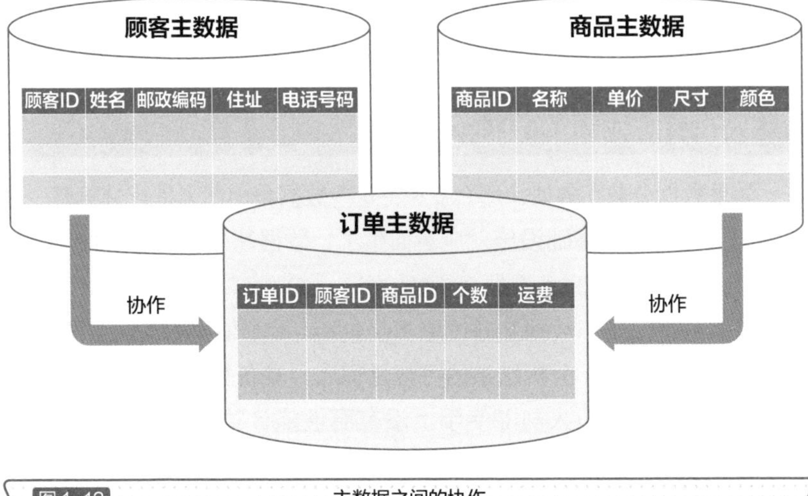

图 1-13 主数据之间的协作

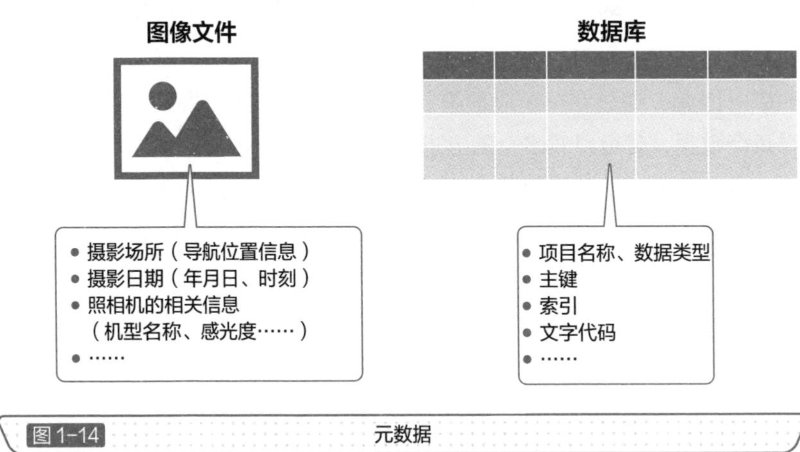

图 1-14 元数据

要点

- 构成企业数据库的基础的重要数据库被称为“主数据”。
- 用于管理数据的“供数据使用的数据”被称为“元数据”，其职能是把握数据的内容并对数据实施有效的管理。

1-9 将数据整理到一处

数据基础设施、商业智能仪表盘、数据管道

构建分析数据用的基础设施

如果数据分散在各处，那么要想将这些数据集中起来进行分析是一件难事。于是，**数据基础设施**就应运而生了。数据基础设施是指根据需要随时可以进行数据调取的存储系统群（图 1–15）。

在多数情况下，数据基础设施不仅包括存储数据的数据库，还包括处理数据的服务器、分析结果的可视化程序，具备集中管理的机制。如果借助云环境，**分析人员即使手上没有高性能计算机，也依然能够利用云环境快速地分析环境。**

将数据显示在一个画面上

我们在做各种各样的分析的时候，对结果逐个进行确认是一件烦琐的事。因此，通过在一个画面上显示图形和汇总表的方式，无须单独查看每个数据，就可以对多个图形进行对比观察。

这种画面被称为“**商业智能仪表盘**”，人们可以利用商业智能仪表盘，根据自己的需要对必要的信息进行整理。如果您是一位经营者，商业智能仪表盘可以为您显示销售额、股价等信息，如果您是一位现场负责人，商业智能仪表盘可以为您显示当前系统的工作状况、当天的工作目标（图 1–16）。

自动加工数据

在数据基础设施中，从各种各样的信息源收集数据，然后对数据进行加工、存储的工作是必不可少的。然而，这样的工作，如果采用手工作业的方式，是非常麻烦的。在庞大的系统之中，数据每天都在不断增加。人们为了实现随时调取分析，就必须事先完成收集、加工、存储工作的自动化。

这种机制被称为“**数据管道**”。人们会采用被称为“批处理”的方法，在每天夜里对一天的数据进行加工、存储。

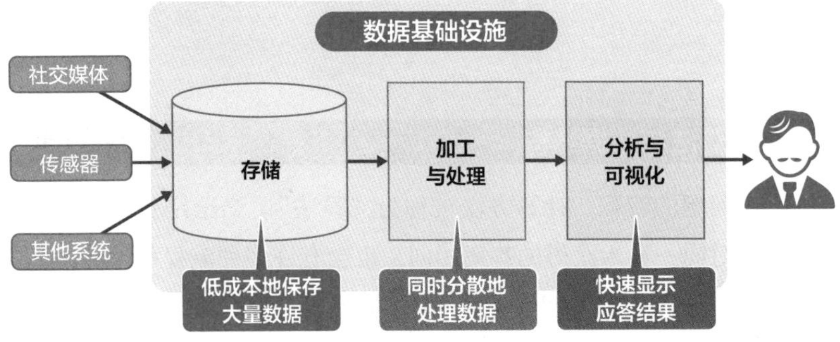

图 1-15 用于存储数据的数据基础设施

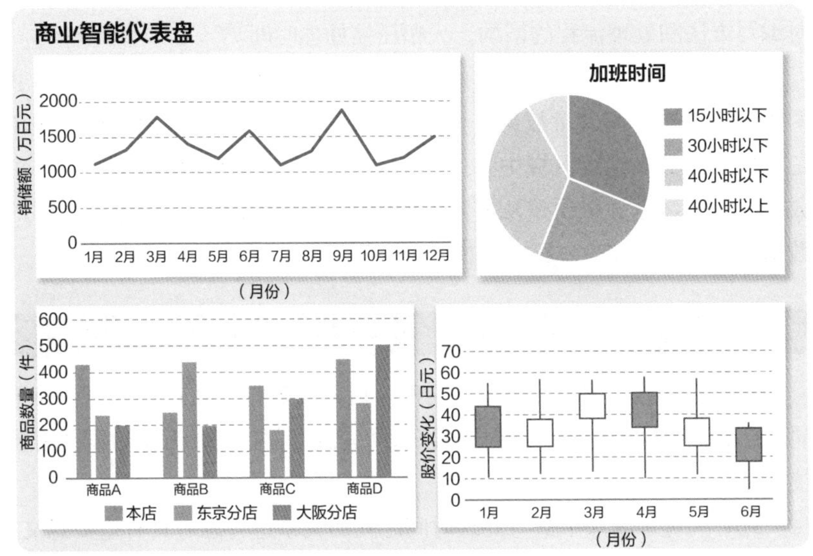

图 1-16 商业智能仪表盘的示意

要点

- 可以随时调取数据的系统被称为“数据基础设施”，比如数据库的服务器、分析、可视化程序等都属于数据基础设施。
- 可以一览图表及汇总表的画面被称为“商业智能仪表盘”。

1-10 对高效处理流程进行思考

算法、数据结构

把握算法与数据结构

解决问题的流程、计算方法被称为“算法”。当给定一个问题的时候，即使对同一输入获得的答案相同，也会有许多种流程可以导出答案（图 1-17）。但是，只要明确了流程，无论是谁都能得到同样的答案。

在编程中，算法是使用计算机解决问题的流程或程序实现。如果存在多个同一输入生成相同结果的流程，根据源代码的编写方法和处理流程，运行所需的时间和所需的内存量会有所不同。因此，人们可以通过对编写方法和处理流程的斟酌，大幅压缩处理时间。

此外，根据程序保存数据的方式的不同，算法也会不同。例如，我们想在内存中存储大量数据，程序的处理方式也会不同，这具体取决于是将数据存储在连续区域中并按住址的顺序访问，还是添加表示下一个数据位置的数据，以便按从前到后的顺序访问。这种程序处理数据时的数据存储方法被称为“数据结构”（图 1-18）。

算法的处理时间

采用某种算法的程序的运行时间会因输入数据的数量不同而大为不同。比如，程序处理 10 个数据可以瞬间完成，而处理 1 万个数据就需要较长时间，这一点很容易想象。

此时，对于输入个数与处理时间之间的关系进行思考具有重要意义。数据量达到原来的 10 倍、100 倍时，处理时间也会达到原来的 10 倍、100 倍吗？会达到原来的 100 倍、10000 倍吗？我们可以通过这样的试验来比较算法的优劣。在分析数据的时候，我们如果**不在分析之前对处理时间事先做出预测，有可能会在处理过程中额外花费大量的时间。**

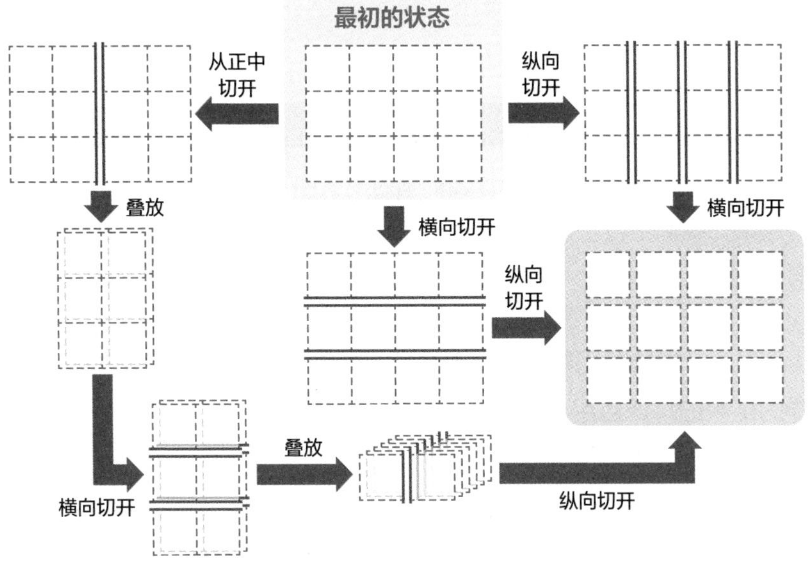

图 1-17 能够得到相同答案的方法有很多

数组（在连续的区域内保存数据）

地址	0	1	2	3	4	5	6	7	8	9	10	11	12	…
值	17	6	14	19	8	3	7	12	10	4	1	9	11	…

链表（添加表示下一个数据位置的数据）

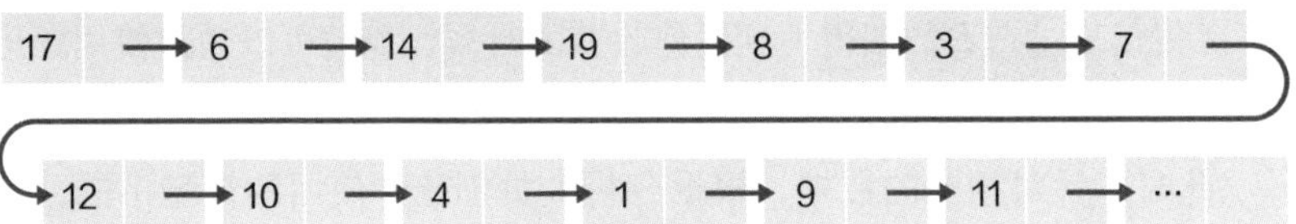

图 1-18 数据结构的实例

要点

- 用于解决问题的流程、计算方法被称为“算法”。
- 人们在编程的时候，除算法以外，还必须对存储数据的数据结构加以思考。

从数据生成模型

假设在人工智能研究中，我们通过对大量数据的分析获得了一些好的结果，我们不得不说，这样的结果只是基于给定的数据获得的好结果而已。

在现实中，在许多情况下，这样的结果对于其他领域的数据未必适用。但是，**如果我们能够简化处理内容，立足本质，也有可能实现这样的结果的广泛应用。**

这种从数据中获得的见解的本质被称为“模型”。例如，当各位登山时就会体验到，如果海拔升高，气温就会下降。我们实际获取数据后，可以制作像图 1–19 那样的图。如图所示，数据分布形成一条左高右低的直线。此直线的表达式本身不能用于其他数据，但有许多其他关系同样可以以直线来表示。人们从广义的角度，将这种直线关系称为“线性模型”。通过创建模型，我们就可以描述其背后的关系。

模型生成后进行反复修改

创建模型并将其应用于观测到的数据来理解现象的方法被称为“建模”。仅仅通过查看数据得不到任何收获的时候，我们可以通过使用图形等方式实现数据可视化，对未知的结果进行预测，从而获得有用的信息。

此时，针对相同的数据，根据分析人员创建、使用的模型不同，解释、用法也会不同。世上没有绝对正确的模型，分析人员如何选择模型具有重要意义。

在现实生活中，全世界的研究人员已经开发出了多种多样的模型，分析人员通常会从中选择适合自己的研究课题的模型，再加以修改、微调之后进行使用（图 1–20）。

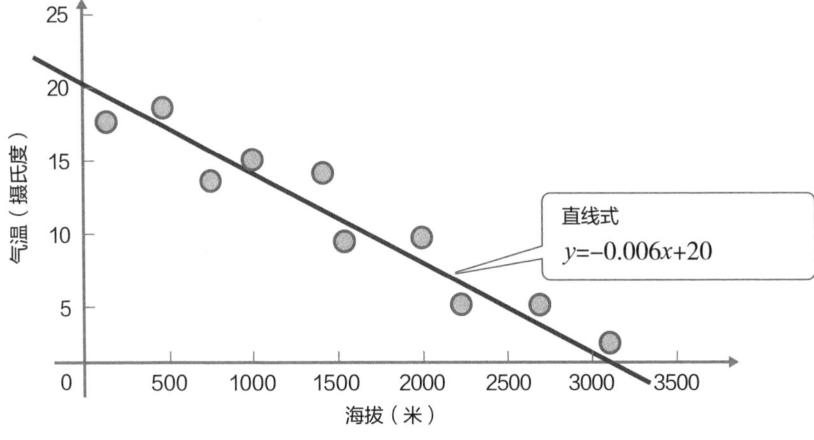

图 1-19 伴随海拔升高气温逐渐下降的数据及其关联性的实例

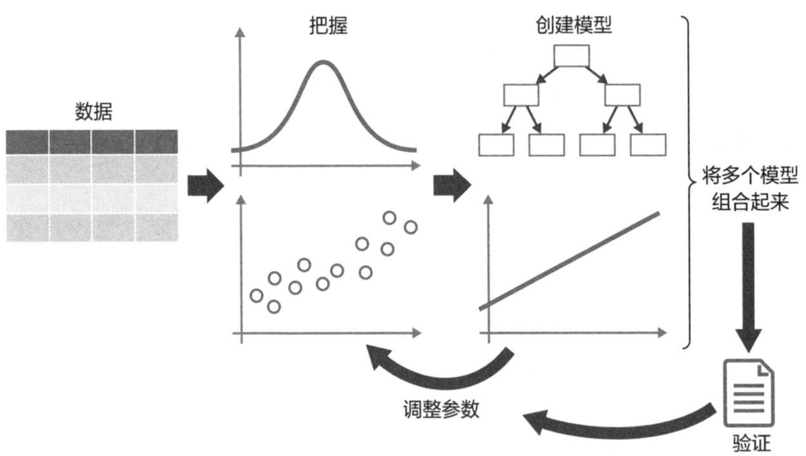

图 1-20 建模的流程

要点

- 人们从数据中获得的见解的本质被称为“模型”，人们通过创建模型就可能对各种关系做出解释。
- 通过创建模型并将其应用于观测到的数据来把握各种现象的方法被称为“建模”。

1-12 用于处理数据的编程语言

R 语言、Python 语言、Julia 语言

能够轻松实施高级分析的R语言

R 语言是著名的编程语言，拥有丰富的库。它是基于美国电话电报公司（AT&T）的贝尔实验室开发的名为 S 语言的编程语言的、源代码开放的软件。实际上它是指能够运行 S 语言语法的“环境”。 S-PLUS 就是该语言的一款商业软件包。

R 语言是一种运行环境，当人们启动它时，就会看到一个输入命令的画面，输入命令后，就会看到运行结果。它非常便于人们在检测小型程序时使用（图 1-21）。

得到广泛应用的Python语言

在当今的数据分析领域，Python 语言非常引人注目。它之所以赢得人们的欢迎，是因为针对深度学习等有关人工智能的研究，它拥有丰富的、使用方便的库。

Python 语言除了在统计领域，在网络应用程序开发、编程教育、Raspberry Pi 等物联网设备的编程等领域也得到广泛的应用。

此外，作为 R 语言、Python 语言的运行环境，可以通过网络浏览器进行访问的“Jupyter Notebook”很受人们的欢迎（图 1-22）。

未来被寄予希望的Julia语言

Python 语言虽说是一种便于使用的语言，但是它是一种脚本语言，处理速度绝对不算快。于是，处理速度快、在统计领域具有优势的 Julia 语言受到人们的瞩目。

据说，在上面提到过的“Jupyter Notebook”中的“Jupyter”是在综合 Julia 语言、Python 语言、R 语言三种语言的名称的基础上命名的。

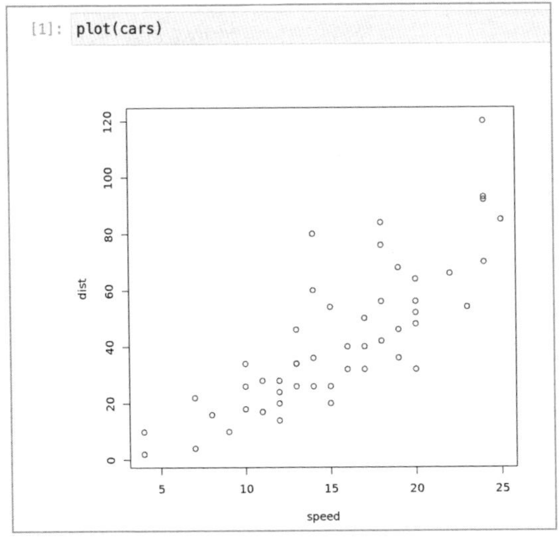

图1-21 R语言的运用实例

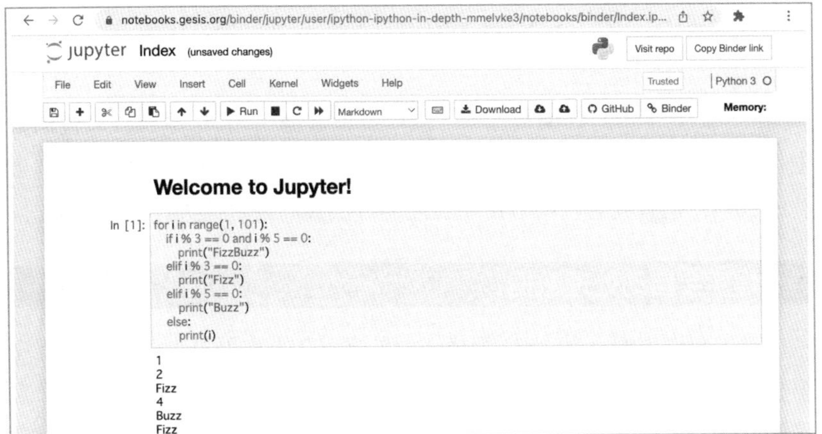

图1-22 Jupyter Notebook可以通过网络浏览器运行R语言、Python语言

要点

- 在数据分析中，人们经常使用 R 语言、Python 语言。
- 通过在 R 语言、Python 语言的基础上，增加了 Julia 语言的使用环境而形成的 Jupyter Notebook 广受人们的欢迎。

1-13 任何人都可以免费使用的数据

开放数据、e-Stat、WebAPI

使用已经公开的数据进行分析

人们要想进行数据分析，最重要的是要有数据。一家企业虽然拥有一定数量的数据，但是不能轻率地使用包含个人信息等的数据。

伴随 2016 年《官民数据活用推进基本法》等的施行，日本政府为丰富民众的生活，开始致力于数据使用的推进工作。根据法律规定，**人们在使用数据时，必须慎重对待个人信息和隐私，并加以妥善管理。**

在这种情况下，如果有任何人都可以使用的、已经公开的数据，那就再方便不过了。如今，政府和地方公共团体已将以统计为目的而收集的数据予以公开，这样的数据被称为“**开放数据**”。其中，由日本总务省统计局负责运营的 e-Stat 就是登载开放数据的网站中具有代表性的一个。

e-Stat 上登载的数据被称为“政府统计数据”，其中具有代表性的数据已在表 1-5 中列出。其中，既有 CSV 格式、Excel 格式的可供人们下载的数据，也有具有网站数据库功能的可供人们自由地进行汇总的数据。

程序会自动处理数据

除了允许人们下载 CSV 等格式的数据，如果在网站上开放应用程序编程接口（Application Programming Interface，API），那么程序就可以直接调用它。这种由网站提供的 API 被称为“WebAPI”。

在互联网上，我们可以通过网络浏览器访问数据。如果有了供程序访问用的 WebAPI，那么程序可以随时调用它，我们就可以在互联网上自由地获取最新数据（图 1-23）。

表1-5 e-Stat平台上的具有代表性的统计数据

分类	实例
人口	国情调查、人口预测、人口动态调查等
住宅	住宅统计调查、土地统计调查、土地动态调查等
劳动、工资	劳动力调查、就业结构基本调查等
企业	经济普查、服务业动向调查等
家庭经济	家庭经济调查、家庭经济动向调查、消费者物价指数、消费动向指数等

资料来源：根据《关于政府统计的综合窗口（e-Stat）》制作而成。

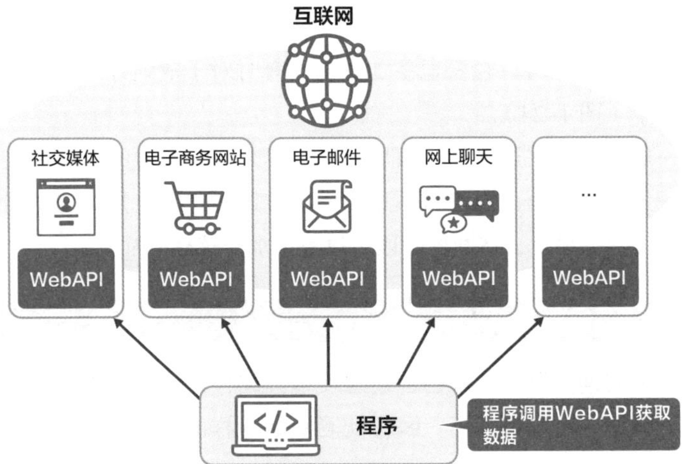

图1-23 WebAPI的应用

要点

- 由政府、地方公共团体公开的、任何人都可以自由使用的数据被称为“开放数据”。
- 在日本总务省统计局运营的 e-Stat 平台上，人们可以下载 CSV 格式、Excel 格式的国情调查和家庭经济调查等数据。
- 除了可以下载和使用数据，人们还可以通过 WebAPI 调用、使用已发布的数据。

1-14 一边娱乐，一边学习分析方法

Kaggle、编程比赛、CTF

由众多的数据分析人员组成的社团

人们想要学习数据科学的时候，除了要把握分析方法，还要取得实际用于分析的数据。此时，人们可以利用开放数据，一些企业为了提升分析人员的分析技能也会提供一些数据、课题。

有这样一种名为“Kaggle”的社团，在这个社团中，会举办各种处理数据的竞赛。在这里，人们通过查看别人写的代码、参加讨论的形式学习数据科学。人们要想参加竞赛，只需进行会员注册即可。所以，即便是初学者也可以轻松地参加竞赛，有时对于成绩好的分析模型还会设置奖金（图 1-24）。

一般而言，在这样的社团里，规则等是用英语写的，参加人员需要具备理解简单英语的能力。不过，使用日语的社团也是有的，如果各位想要学习数据科学，在开始阶段可以考虑加入这样的社团。

通过竞争解决问题

除了数据分析，如果各位还想要掌握编程技术、算法的知识，那么解决谜题的方法会很有用。编程比赛就是这样的一种方法。所谓编程比赛就是以比赛的方式让参加人员解决问题，看谁能在短时间内实现可正确运行的程序（图 1-25）。

参加人员要想在比赛中获胜，需要在短时间内实现程序的正确运行。这就需要参加人员对处理的内容进行研究，编写、执行能够在短时间内作答的程序。这样的比赛与实际业务没有什么直接关系。目前，从编程的初学者到高手都可以享受比赛的网站有几家。

在安保行业也会举办类似于编程比赛的名为“CTF”（Capture The Flag，夺旗赛）的大赛。CTF 的特点在于，在这里人们展开较量的不仅限于应对漏洞攻击的技术能力，还会涉及网络设置和密码理论等广泛的知识。

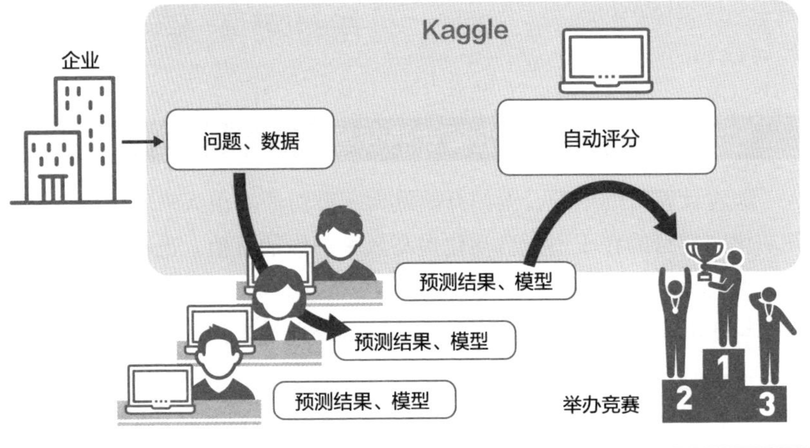

图1-24 Kaggle的服务

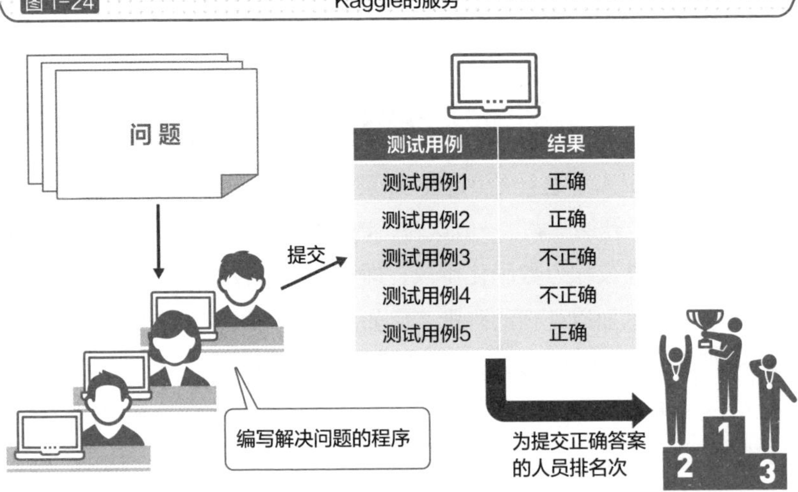

图1-25 编程比赛的流程

要点

- Kaggle 拥有使用企业提供的数据进行分析，对预测结果、分析模型进行评分的机制。
- 编程比赛是指让参加人员通过解谜的方式参与程序开发，对开发时间和正确性展开角逐的比赛。

融合信息技术实现商业模式的变革

随着计算机的出现，人们开始致力于针对原本由人来完成的工作的自动化。其目的在于通过自动化提高效率、增加价值。也就是说，这样的努力只是立足于对“已有的商业活动”的改善而已。

与此不同，如今，**数字化转型**一词频繁地为人们所提及。数字化转型的英语是“Digital Transformation”，Trans 可被略称为“X”，于是数字化转型也被略称为“DX”。“Transformation”一词有“转变”“变革”的意思。DX 的含义在于极大地改变商业模式，**以信息技术为中心孕育新业务**（图 1–26）。

实现数字化转型的三个阶段

然而，不少人有这样的困惑，那就是“人类要想实现数字化转型，到底应该从哪里开始呢？”一般认为，数字化转型可分为三个阶段。

第一个阶段被称为**数码化**阶段，即利用信息技术将人们从事的工作模拟成数字信息加以处理的阶段。比如，将使用纸张、印章的业务以可携带文件格式（PDF）形式实现无纸化就是数码化。

第二个阶段被称为**数字化**阶段，其目的在于通过充分利用信息技术的数字技术，实现产品、服务的高附加价值，提升便利性。比如，对从销售终端（POS）等收集的销售数据进行分析，将分析结果运用于商业活动中就是数字化（图 1–27）。

第三个阶段就是数字化转型阶段。在图 1–26 所示的实例中，人们取消以往那样的在收银台完成收银的做法，而是让选好商品的顾客在离店前自动完成结账。如此，商业模式本身就产生了变化。可以说，**要想实现数字化转型，人工智能和数据分析是必不可少的。**

图 1-26 以往的信息技术化与数字化转型的区别

第一个阶段	第二个阶段	第三个阶段
数码化	**数字化**	**数字化转型**
●**人工作业的电子化** 例：将纸质资料转换成PDF格式 例：召开线上会议	●**依托程序的自动化** 例：使用机器人流程自动化（RPA）处理固定业务 例：使用会计软件进行自动计算	●**商业模式的变革** 例：使用聊天机器人 例：利用信息技术开办无人值守店铺

图 1-27 数字化转型的三个阶段

要点

- 依托信息技术孕育新业务的商业模式变革被称为数字化转型，简称为“DX”。
- 数字化转型主要可分为三个阶段，前两个阶段分别是“数码化阶段”和“数字化阶段”。
- 可以说人工智能和数据分析对于实现数字化转型是必不可少的。

1-16 已经分析的数据的运用事例

聊天机器人、推荐

无人值守智能咨询系统的结构

当用户访问企业网站时，页面可能会显示网上聊天功能来回答用户的问题。虽说是网上聊天，但并不是用户直接与网站管理员互动，而是程序自动响应用户输入的内容，这种机制被称为"**聊天机器人**"（图 1-28）。

一直以来，在许多网站上都设有"常见问题"页面。借助这样的页面，用户寻找自己所关心的问题的解决方法会比较麻烦，而且页面上没有提及用户问题的情况也并不少见。有了聊天机器人，用户就可以通过网上聊天形式输入问题，一对一地获得精确的回答。这种形式还有助于减轻网站管理员回答联系表单中问题的麻烦和负担。

为了让聊天机器人能够做出正确的回答，人们就必须对过去的咨询内容予以保存。此外，人们还需要一种技术，从输入的句子中提取关键词，并自动生成回复内容。

聊天机器人的优点在于能够将用户搜索的单词记录下来。以前，网站管理员在处理"常见问题"页面的时候，对于用户关心的问题，只有依靠想象。有了聊天机器人功能之后，网站管理员遇到用户咨询新的问题时，**就可以在"常见问题"页面上添加新问题的解决方法**。

程序为用户做出贴近用户的推荐

用户在网页上输入问题时，聊天机器人会做出响应。用户不输入任何内容，系统也会主动向用户提供网站认为符合用户喜好的商品、服务的信息，这种机制被称为"**推荐**"，源于英语"recommend"一词，这个单词具有"推荐"的意思（图 1-29）。

推荐系统会基于对顾客以往的购买历史、浏览历史、顾客属性等的分析处理，**向用户展示最为贴近用户的信息**。

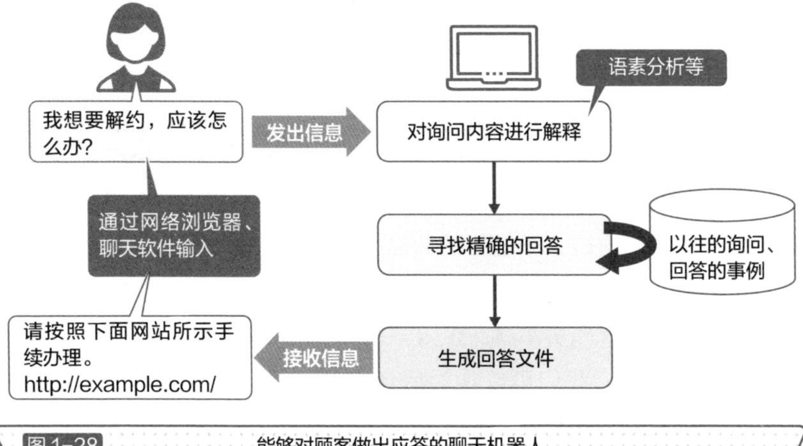

图 1-28 能够对顾客做出应答的聊天机器人

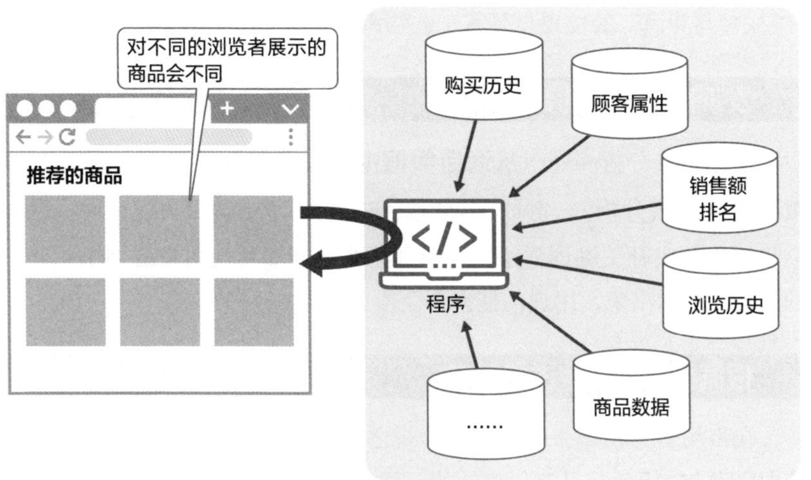

图 1-29 推荐的机制

要点

- 对于用户输入的问题，能够自动做出回答的程序被称为“聊天机器人”，聊天机器人可以起到减轻咨询负责人工作负担的作用。
- 向用户提示符合用户喜好的商品、服务的机制被称为“推荐”，推荐是由程序在分析历史数据的基础上生成的。

1-17 购买了这款商品的顾客还同时购买了这样的商品

购物篮分析、关联分析、RFM 分析

电子商务平台上常用的“推荐”

我们在线上购物网站的网页上查看商品时，可能会收到“购买这款商品的顾客也同时购买了这样的商品”等内容的推荐。这样的推荐基于**购物篮分析**。

假设某位顾客购买了 A、B、C 三款商品，下一位顾客购买了 A、B 两款商品，此时，我们可以认为后者也有可能购买 C 商品。如此，根据顾客以往的购买历史等**发现“同时购买的商品”的组合**的分析方法就是购物篮分析。在讲述数据挖掘的章节 1-3 中，我曾经介绍过的关于“纸尿裤与啤酒”的发现也是基于购物篮分析的例子（图 1-30）。

发现高关联性的数据

像购物篮分析一样，**从海量数据中发现高关联性数据的方法**一般被称为“**关联分析**”。例如，当用户在搜索引擎中输入关键词时，系统会将追加的候补关键词显示出来。如果系统能够将与用户的需求相匹配的关键词显示出来，用户的搜索会变得更方便。

根据数据对顾客进行排名

在市场营销领域，除购物篮分析之外，还有各种各样的分析方法，其中**RFM分析**就是具有代表性的一种方法。RFM分析是以Recency（最近的购买日）、Frequency（消费频率）、Monetary（消费金额）这三个单词的首字母命名的，是**对回头客进行排名**的方法（图 1-31）。

通过向排名靠前的顾客提供优惠，向排名靠后的顾客实施打折、发送快讯商品广告等方式，来鼓励顾客再次来店。

顾客	洋葱	胡萝卜	圆白菜	马铃薯	白萝卜	猪肉	牛肉
顾客A	○	○		○			○
顾客B		○	○		○	○	
顾客C	○		○				
顾客D	○	○		○		○	
顾客E		○			○		

购买了这款商品的顾客还同时购买了这样的商品
- 圆白菜
- 猪肉

图 1-30 能够发现各种组合的购物篮分析

分数	R	F	M
5	1个月以内	1个月3次以上	累计10万日元以上
4	3个月以内	1个月1次以上	累计3万日元以上
3	半年以内	半年1次以上	累计1万日元以上
2	1年以内	1年1次以上	累计3000日元以上
1	超过前者	超过前者	不及前者

图 1-31 能够对回头客进行排名的RFM分析

要点

- 以向顾客做出推荐为目的，通过使用其他客户的购买数据来发现“同时购买的商品”的分析被称为“购物篮分析”。
- RFM 分析是一种对回头客进行排名的方法，采用这种分析方法的目的在于让这样的顾客多次复购。

1-18 根据数据进行不同的定价

动态定价、金融科技

伴随供给和需求的变化而变化的价格

以往，商品和服务的价格都是由供应商预先确定的。他们会打折销售临近保质期的食品，在酒店、航班等的旺季时会提高价格，而在平时则以相同的价格进行销售。

然而，**近来出现了被称为“动态定价”的方法，这是一种根据商品、服务的供给和需求而改变价格的方法**。比如，对于观赏体育比赛的座位的价格，人们会根据比赛的受欢迎程度、座位的位置、天气状况等随时进行调整（图 1–32）。

企业在需求旺盛时会提高价格，滞销时会下调价格。企业为实现利润最大化，会对数据进行分析，通过人工智能自动调整价格（图 1–33）。

金融行业与IT行业的合作

未来，在结算、资产管理的领域，信息技术会得到越来越广泛的应用。人们将使用智能手机的电子结算、与家庭经济账簿的对接、个人之间的汇款、投资与理财支持、虚拟货币的利用等基于金融（Finance）与技术（Technology）结合的便利服务称为“金融科技”（FinTech）（图 1–34）。

如今，信息技术行业与金融机构等合作开发了许多新服务，开始以比以往低廉的手续费为顾客提供更为便捷的创新服务。

其背景是，随着人工智能与物联网的日益普及，我们不仅能够分析人类的知识，还可以**分析通过照相机和传感器收集的大量数据**。那些在以往看来，所需费用高昂且难以实现的事项，如今人们以低廉的成本就能实现。因此，众多的运营商积极参与其中。

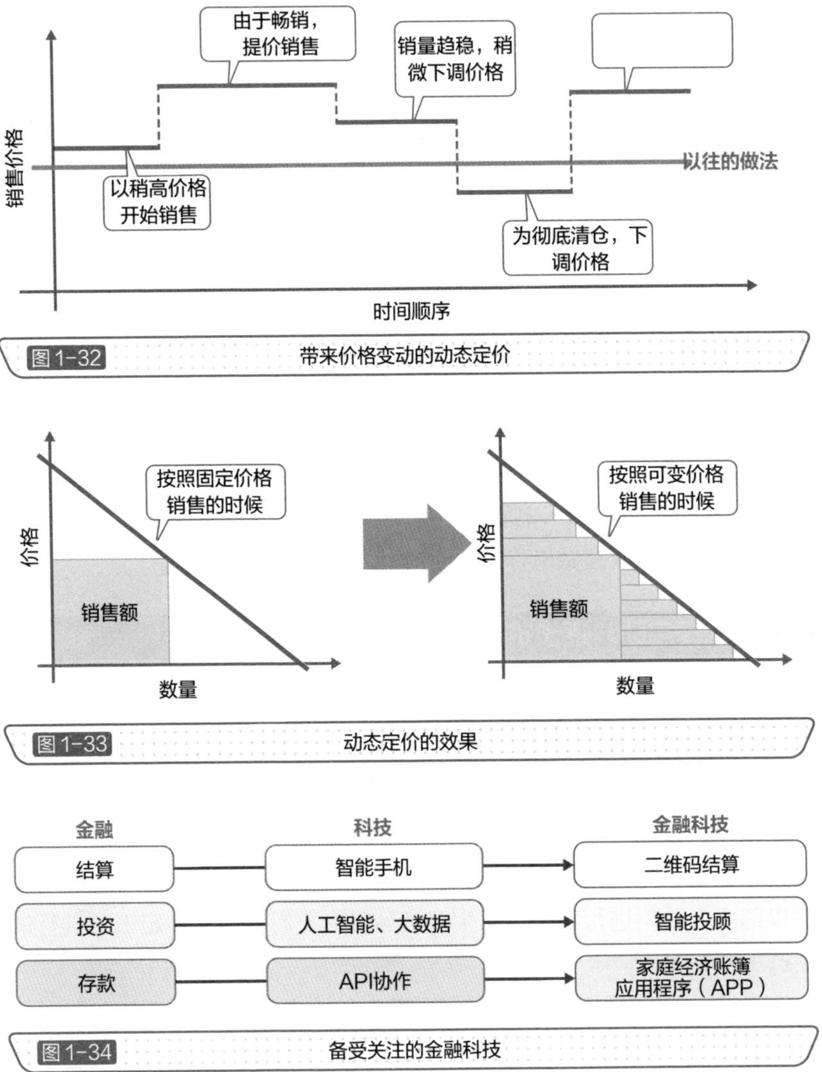

图1-32 带来价格变动的动态定价

图1-33 动态定价的效果

图1-34 备受关注的金融科技

要点

- 根据商品和服务的供求情况调整价格的方法被称为“动态定价”。
- 立足于金融与科技相结合的便捷服务被称为“金融科技”，目前，许多公司都在从事这种服务。

1-19 从小规模出发进行尝试

概念验证、小规模启动

调查产品、服务的需求

人们在经商的时候，即使发现了新的创意、产品，也并不知道这样的创意是否可行，这样的产品是否会有销路。贸然生产、发售，可能会在制造工艺上遇到问题，也可能受到消费者的冷遇。在商业领域，如果事先并不知道是否有足够的利润，人们无法做出投资决策。

人们在无法了解在桌面上的商讨结论能否带来好的结果时，会采用一种名为"概念验证"（Proof of Concept，PoC）的有效方法（图 1–35）。

我们可以先通过生产少量的试制品来确认制造过程是否顺利，还可以向少数人分发样品，以听取他们的评价。总之，我们可以先在小范围内进行验证，在能够做出肯定判断的时候再启动这个项目。

小规模启动，逐步扩张

与概念验证的思维相同，从较小规模开始启动，根据需求逐步扩大规模的做法被称为"小规模启动"。这样做的优点在于可降低启动的门槛，将变更和失败时的风险控制在最小限度。

例如，在引入新工具的时候，我们可以先让某个特定的部门尝试，然后逐步在各部门中推广。在引入远程办公的新的工作方式时，我们可以以部门为单位进行尝试，在生产产品时，我们可以在特定工厂进行试生产（图 1–36）。

不过，**在数据分析领域，小规模启动会有局限性。**即使我们对少量数据进行分析时得到了好的结果，在对大量数据进行分析时未必能得到同样的结果。此外，我们即使想要以小规模的分析团队开始分析工作，但是由于想要的数据不全而无法开始的情况也是存在的。

以往的推进方法

概念验证的推进方法

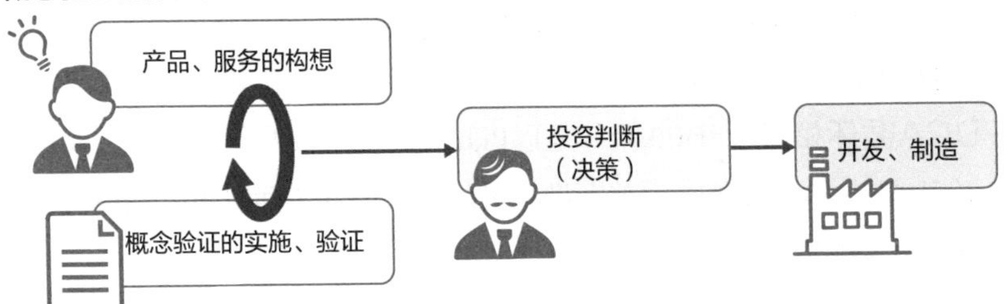

图 1-35 概念验证：验证之后再行推进

图 1-36 小规模启动的示意

要点

- 在生产之前对新产品或服务进行验证的方法被称为“概念验证”。
- 从小范围起步，逐渐扩展的方法被称为“小规模启动”，但在数据分析领域，采用这种方法有时无法获得良好的结果。

持续不断地谋求改善

PDCA 循环、OODA 循环、反馈循环

PDCA与OODA

人们在分析数据的时候，是不可能一蹴而就的。在多数情况下，人们为了取得更好的结果需要反复修改，不断调整。

这种反复修改、不断改进的思维，与质量管理、业务改善中常用的PDCA循环相同。PDCA循环是以Plan（计划）、Do（执行）、Check（确认）、Act（处理）的首字母命名的，目的在于通过重复假设、验证的过程，提高质量（图1–37）。

与 PDCA 循环类似的 OODA 循环也受到人们的关注。OODA 循环是以 Observe（观察）、Orient（定位）、Decide（决策）、Act（处理）的首字母命名的，虽然它与 PDCA 循环同样强调重复的重要性，但是它更强调带有速度感的自行决断与行动。置身于瞬息万变的环境之中，我们需要通过自己的思考改变行为，改善结果。在数据分析过程中，践行 PDCA 循环具有重要意义。**从计划到改善的过程中不过分地花费时间，迅速做出判断**则是 OODA 循环的重要思维。

践行反馈循环

人们即使通过数据分析得到了好的结果，在将其应用于实际的商务活动中时，也未必能够实现顺利的应用。虽然在理论上没有问题但在现实中无法做出成果的情况还是存在的。

因此，我们就需要接受来自第一线人员和顾客的反馈（反应、批评、评价、意见），在此基础上反复进行改善，这个过程被称为“反馈循环”（图 1–38）。由于从最初开始不可能一下子就能提供完美的结果，我们**需要在早期阶段向相关方面提供分析结果，接受反馈，进而对结果加以改善。**

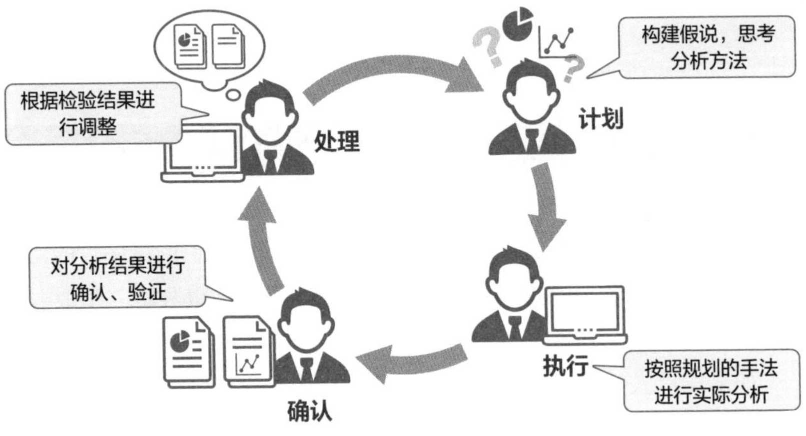

图 1-37 催生改善的PDCA循环

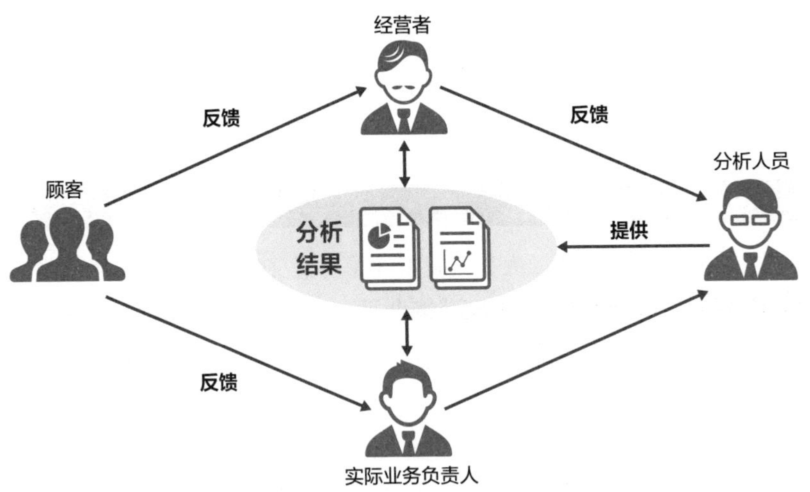

图 1-38 各种各样的反馈

要点

- 通过重复假设和验证来提高质量的循环被称为“PDCA 循环”，目前，OODA 循环也备受关注。
- 通过各种各样的反馈进行反复的改进被称为“反馈循环”。

1-21 先行确定目标，之后有策略地实施

KPI、KGI、KSF

根据数值做出评价的指标

如果只是一味地收集数据，毫无目的地分析数据是没有任何意义的。此时，我们**必须树立明确的目标。**在运营网站时，我们的最终目的是销售商品、应对咨询，为此我们要收集必要的数据，加以分析，争取获得改善。

如果凭借人的感觉来评价业绩，那么不同的人有可能做出不同的判断。此时，我们就需要采用基于数值的评价指标。KPI（Key Performance Indicator）就是人们常用的指标，被翻译为“关键绩效指标”。

在网站上，人们经常使用页面浏览量（PV）、转化率（CVR）等数值目标。如果我们采用明确的标准，事先将截至所定期限可能达成的数值目标设置为KPI，就可以实现截至所定期限的目标达成度的可视化（图1-39）。

设置组织整体的目标

在各种具体业务中，人们设置KPI是有意义的。但是，页面浏览量巨大，**却并未带来实际的商品销售业绩、咨询的增加，那也是没有意义的。**KPI不过是把握某个部门的目标达成进度所使用的指标而已，并不是整个企业的目标。

在运营商业网站的时候，人们需要提升销售额、利润率等指标。作为组织整体的指标，人们经常会使用KGI（Key Goal Indicator）。KGI被翻译为“重要目标达成指标”。人们会根据企业的经营理念和未来愿景等设置KGI，然后为了达成KGI，再设定组织内部各个业务的KPI目标。

人们将促成商业成功的条件称为“KSF”（Key Success Factor），KSF被翻译为“关键成功因素”。比如，通过提高客单价、增加购买人数来提高销售额就是KSF（图1-40）。

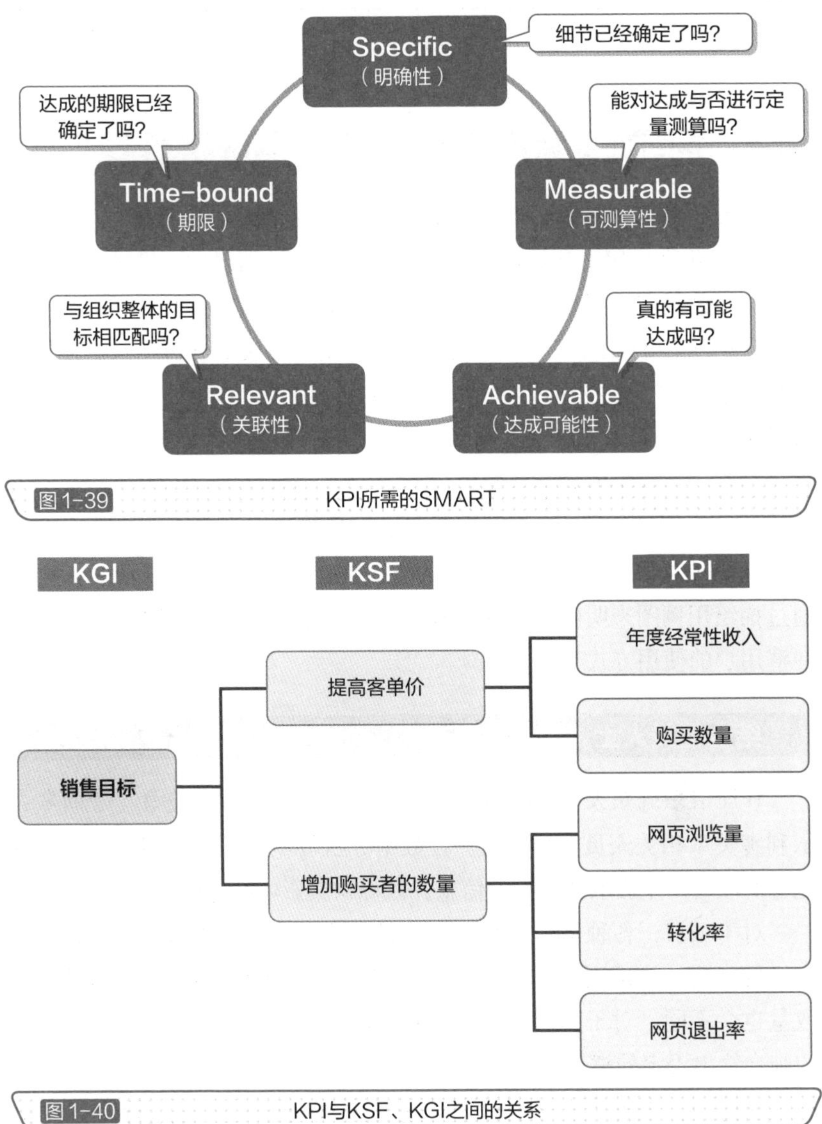

图 1-39 KPI所需的SMART

图 1-40 KPI与KSF、KGI之间的关系

要点

- 网页浏览量、转化率等用目标数值来评价业绩的指标被称为“KPI”。
- 用于评价组织整体业绩的指标被称为“KGI”。

1-22 把握与数据相关的人

用例、利益相关者

了解用户的用途

在分析数据的时候，我们**需要确定分析结果的用途。**我们是将分析结果模型化之后用于计算机处理呢，还是将分析结果做成供经营者在短时间内了解情况的报告呢。用途不同，分析内容也会不同。

最初阶段的分析结果的使用者和实际使用阶段的分析结果的使用者有可能会不同。假设在最初阶段，人们是以便于计算机处理作为重点来展开分析的，如果中途突然需要将分析结果提供给经营者阅览，此时，工作量、分析成本就会发生变化。

有一个词叫作“用例”，用于表示用户的用途和系统所应拥有的功能。在为项目服务的设计领域常用的统一建模语言（UML）中，人们会通过描绘用例图来明确划分系统内部与外部的界限、确定系统化的范围、厘清用户的使用方式（图 1–41）。

结合相关人士，思考对应方式

在厘清系统相关人士的时候，人们会使用“利益相关者”一词来表示利害关系相关人员、当事人。在数据分析等项目中，人们会事先了解能够对项目产生影响的人士的信息，以确认其影响的范围。

对于项目，各种各样的利益相关者有的抱着合作的态度，有的抱着中立的态度。为应对不同的利益相关者，可供分析使用的数据的品质、数量也会不同。对于分析结果，有的利益相关者会给出肯定的意见，有的则会给出否定的意见。

人们需要在对利益相关者加以思考的基础上，一边对分析进度做出汇报，一边推进分析项目（图 1–42）。

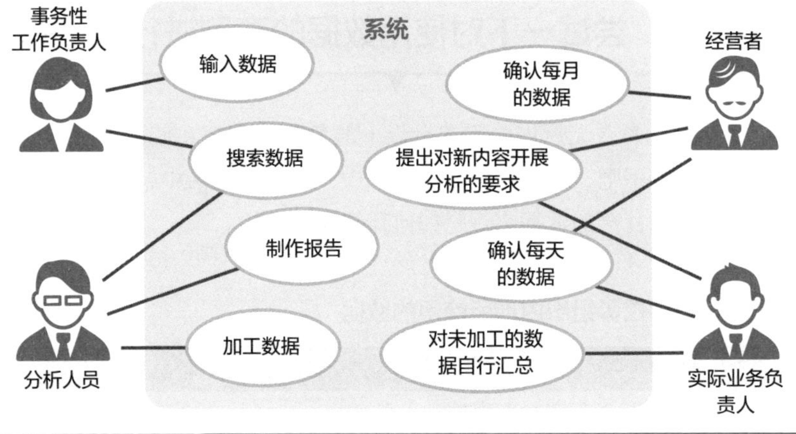

图1-41 用图的方式来表示用例

影响力：大
例：通过对效果进行说明引起对方的关注
保持令人满意的状态
例：事先征求对方的意见
细心管理
关注度：低
关注度：高
实施监视（最低限度的作业工时）
例：定期对反应进行确认
持续提供信息
例：频繁地汇报分析结果
影响力：小

图1-42 向利益相关者提供与其相匹配的信息

资料来源：作者参考《PMBOK指导（第6版）》（PMI日本支部监译）制作而成。

要点

- 通过对用例的思考，使需要实现系统化的范围、必要的系统更加明确。
- 因为利益相关者会对分析内容产生影响，所以需要把握有关介入项目的人士的信息。

试一试　尝试一下对使用数据的事例进行调查吧

如今，人类在无意识之间在世界上的角角落落都在使用数据。让我们尝试调查一下吧，在我们所属的组织中，在日常生活中，在互联网上，支撑我们便利社会的数据究竟是如何存储和使用的。

公司、学校等组织内部所使用的数据

场所	数据的内容	目的
例：公司内部	顾客管理系统	商品、快讯商品广告等的发送

日常生活中所使用的数据

场所	数据的内容	目的
例：信号	交通量	变换信号时机的控制等

互联网上所使用的数据

场所	数据的内容	目的
例：换乘	距离、费用	最短路径、最便宜路径等的计算

第2章

数据的基础

—表示方法与读取方法—

数据的分类

名义尺度、定序尺度、定距尺度、比例尺度、定性变量、定量变量

将语言转换为数字

我们使用计算机对数据进行分析时，**数据必须以数值的形式来表示，不能使用“好吃”“个子高”之类的感性语言来表示。**如果手头的数据是用语言来表示的，那必须将其转换为数值形式。根据数据的种类不同，转换方式也会不同（图 2–1）。

在问卷调查中，我们在表示性别、血型时，可以采用“0：男性”“1：女性”“1：A 型”“2：B 型”“3：O 型”“4：AB 型”等方式。这些数字在排序上不具有任何意义，所以使用其他数值也没有关系。这样的尺度被称为“**名义尺度**”。

在问卷调查中，我们评价店铺、商品时，可以使用“5：非常好”“4：好”“3：一般”“2：不好”“1：非常不好”之类的数字来表示。此时，数字的大小具有重要意义，这样的尺度被称为“**定序尺度**”。

数值数据的比较

定序尺度虽然具有排序的含义，但间隔是不一致的。从表面上看，“1：非常不好”“2：不好”“3：一般”“4：好”四者之间的间隔都是 1，但是对于回答者而言，差距是否相同就不得而知了。然而，如果是气温，“21 摄氏度”与“22 摄氏度”、“5 摄氏度”与“6 摄氏度”的间隔同为 1 摄氏度。

像这样的，间隔具有一定含义的尺度被称为“**定距尺度**”。

在这里，我们将气温的“1 摄氏度”与“2 摄氏度”、“10 摄氏度”与“20 摄氏度”比较一下。1 摄氏度与 2 摄氏度相比，后者是前者的 2 倍，人们在体感上感受不到太大的差异。然而，10 摄氏度与 20 摄氏度就大为不同了。又如果将长度 1 厘米与 2 厘米比较，后者是前者的 2 倍，将 10 厘米与 20 厘米比较，后者同样是前者的 2 倍。这样的尺度被称为“**比例尺度**”或“比率尺度”。

人们一般将名义尺度、定序尺度称为“**定性变量**”，将定距尺度、比例尺度称为“**定量变量**”。人们用图形来表示定性变量、定量变量的时候，会采用不同种类的图形，这一点具有重要意义（图 2–2）。

问卷调查

年龄：　　　岁

血型：A · B · O · AB · 不明

性别：男性 · 女性 · 不回答

店铺的氛围：非常好 · 好 · 不好 · 非常不好

请谈一谈您的感想（请畅所欲言）

需要进行数值化

编号	年龄	血型	性别	店铺的氛围	感想

汇总

分析

图 2-1　问卷调查与汇总

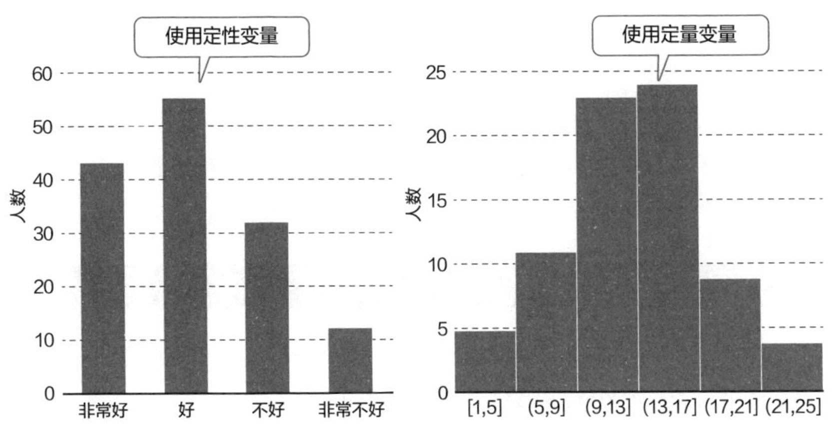

图 2-2　使用定性变量和定量变量绘制的图形的差异

要点

- 分析数据时，数值化是必不可少的。人们根据数据内容，将数据分为定性变量、定量变量。
- 人们用图形来表示定性变量、定量变量的时候，会采用不同种类的图形。

2-2 从范围的角度对数据加以区分

频数分布表、组、频数、组距、直方图

查看数据的分布

人们在面对许多数据时，如果想仅凭观察数据把握其特点，就需要花费一定的时间。

如果给出的数据是定量变量，为了把握数据的分布，人们常常会使用**频数分布表**（图 2–3）。制作频数分布表时，人们将数据分为几个区间，查看每个区间内的数据的个数。这种区间被称为"**组**"，每个组内的数据的个数被称为"**频数**"。

组的幅度被称为"**组距**"，根据其范围设定的不同，人们对频数分布表的印象会不同。**组距既不能过大也不能过小，需要设定为人们直观上比较容易看懂的数值。**在确定组距的时候，人们可以参考"斯透奇斯规则"，根据这个规则，在有 n 个数据时，组数可以通过 $1 + \log_2 n$ 求出。

假设，我们手上有日本全国各个都道府县的人口、面积等数据，都道府县共有 47 个，$1 + \log_2 47 = 6.55$，那么我们可以将组数确定为 7 个左右。

用图形来表示数据的分布

根据频数分布表制作的图形被称为"**直方图**"。横轴表示组，纵轴表示频数，将组从小到大进行排列（图 2–4）。

人们用直方图来处理的数据为定量变量，因为是连续数值，所以一般在相邻的柱子之间没有间距。

频数较少的时候，人们有时会将几个组合在一起展示。但是，在改变组距之后直接制作直方图，高度会有变化，有可能会引起误解。此时，人们会采取将直方图宽度加至原来的 2 倍，将高度减为原来的一半的方法。

年龄数据

80	62	80	35	41	62	72	47	68	78
84	19	58	48	33	92	73	96	96	32
34	54	24	14	28	83	86	96	91	71
63	61	47	33	54	89	78	75	71	59
70	25	44	75	75	7	87	27	72	18
85	85	22	58	9	81	17	17	31	93
68	72	36	19	31	70	60	33	86	34

频数分布表

年龄	数据个数
0岁至9岁	2
10岁至19岁	6
20岁至29岁	5
30岁至39岁	10
40岁至49岁	5
50岁至59岁	5
60岁至69岁	7
70岁至79岁	13
80岁至89岁	11
90岁及以上	6

组

频数

图 2-3 制作频数分布表

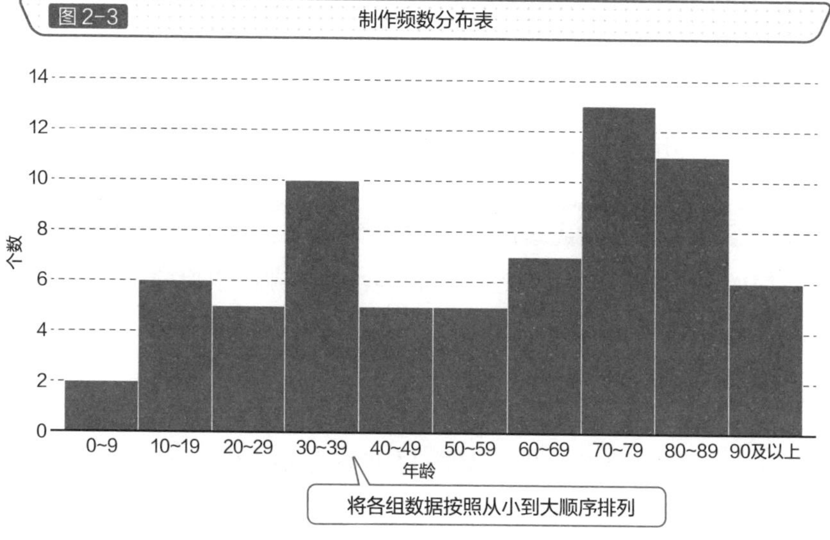

图 2-4 直方图（根据图2-3的数据制作而成）

要点

- 为了把握定量变量的数据分布，人们会制作频数分布表、直方图。
- 如果我们改变了组距，频数分布表就会发生变化，所以组距设定一定要合理。

2-3 区别使用各种图形

绘制图形，对数量做比较

频数分布表是用于表示定量、变量的表格，人们可以基于频数分布表绘制直方图。在表示定性变量的数据的数值时，人们会使用“柱形图”。

柱形图是一种用柱形的长度来表示数值的方法，长度越长所表示的数值就越大。**柱形图适合在对数据的多少、大小等“数量”进行比较时使用。**比如，人们会用柱形图来表示各个年收入水平的人口、各个分数段的参加考试人数等。为了表示数量，人们将纵轴的起点设为 0。如图 2-5 所示，人们也可以将多个系列排列起来。

对图的外观比较讲究的人，会在柱形图中结合数据的内容使用图标。例如，在表示人口的时候，他们会使用人的图标；在表示汽车产量的时候，会使用汽车的图标，这样做可以避免图形给人带来的乏味感。

绘制图形，比较数量的变化

同样是为了表示数据的数量，如果我们想要强调其时间序列的“变化”，可以使用易于理解的“折线图”，在图中以点表示数值，再用直线将其连接在一起。

这种每天、每月、每年伴随时间推移而观测的数据被称为“时间序列数据”。通常，人们将横轴从左到右设置为时间顺序，然后用直线将数值连接起来。

因为折线图是用于强调变化的，所以纵轴不以 0 为起点也没有关系。不过，我们需要注意，不要过于强调变化而给人带来错误的印象。例如，在图 2-6 中，虽然所表示的数据完全相同，但只是改变了横轴、纵轴的间距，就能给人带来大为不同的感觉。

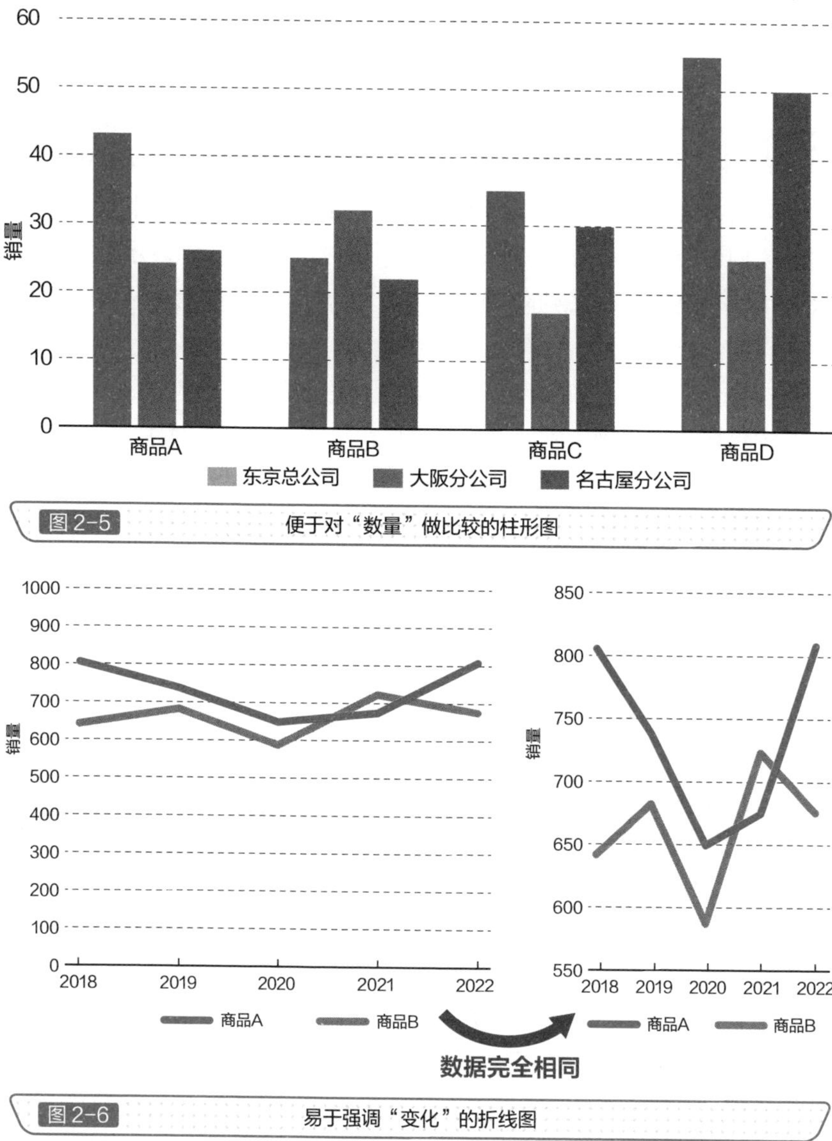

图 2-5 便于对“数量”做比较的柱形图

图 2-6 易于强调“变化”的折线图

要点

- 人们在表示定性变量的数值时会使用柱形图。
- 人们在表示时间序列变化时会使用折线图。

2-4 表示比例的图形

饼状图、条形图

绘制能够比较比例的图形

人们在表示数量时会使用柱形图，在强调变化时会使用折线图。有时，人们也会以图形的方式来表示占比。比如，**人们要想表示在整体为100中某个项目所占比例的时候**，使用“**饼状图**”会比较方便（图2–7）。

在商业领域，人们经常计算销售额中各款商品所占比例、在某行业中自己公司所占的份额等。在饼状图中，人们使用扇形的圆心角来代表某个项目所占的比例，所以，某个项目在整体中所占比例越高，扇形面积则越大。

在饼状图中，通常以正上方（钟表中的12点位置）为起点，按照顺时针方向将各个项目按照比例从大到小的方向排列①。此外，人们也会使用多重饼状图。

使用Excel等软件，我们还可以很容易地绘制出三维（3D）饼状图。使用3D饼状图的时候，靠近我们的项目的所占面积会被放大，这会造成数据表示的失真，需引起我们注意。

多个数据的占比对比

人们想要对多个数据的占比进行比较时，可以采用绘制多个饼状图的方法。但是，由于如果数据比较多，使用饼状图做对比会比较困难。

在这样的情况下，人们常常会使用“**条形图**”。条形图用长度来表示各个项目在整体中的占比。使用长度来表示数据这一点与柱形图相同。**伴随时间的推移，各个项目占比的变化一目了然。**

使用条形图时的要点在于无论数值的大小，不改变数据的排列顺序。在图2–8中，从下往上依次为A公司、B公司、其他公司的数据。

① 以右侧（钟表的3点位置）为起点，向逆时针方向排列的情况也比较常见。

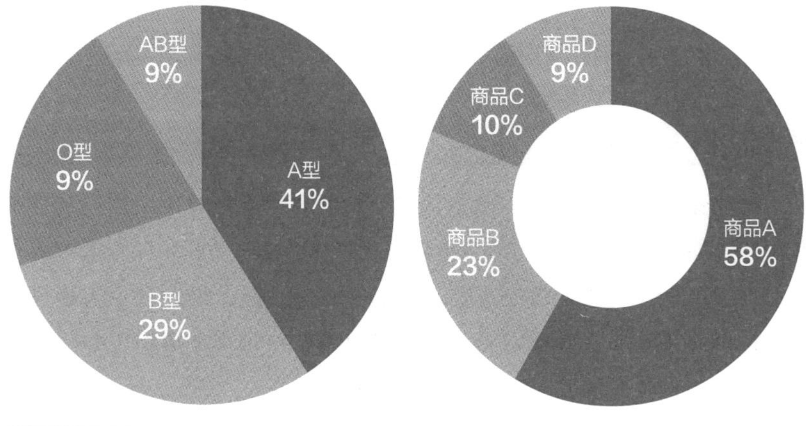

图 2-7 易于把握“占比”的饼状图

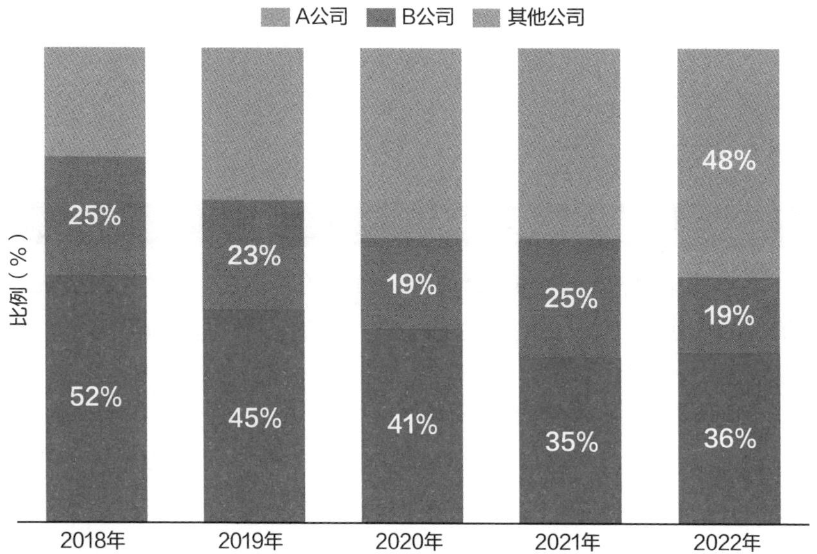

图 2-8 易于对“多个数据”做对比的条形图

要点

- 人们在表示各个项目在整体中的占比时使用饼状图。
- 人们在对多个数据在整体中的占比进行对比时使用条形图。

2-5 将各种数据展示于一张图中

雷达图、箱形图

绘制从多个角度对数量做对比的图形

在不是按照时间序列，而是从多个角度对数量做对比以把握其平衡状况时，使用“雷达图”会比较方便（图 2-9）。

在雷达图中，人们按照想要表示的项目的个数，绘制顶点与这个个数相同的正多边形，然后对各个项目进行分配。将正多边形中心与各个顶点分别用直线连接，中心的刻度设为 0。

在连接中心与各个顶点的直线上设置刻度，多边形即宣告完成。数值越大，则多边形就越大；数值越小，则多边形越小。完成的图形的形状与正多边形越是接近，越是说明各个项目的数值之间的平衡度越好。

数值越大，图形越向外展开。所以，**如果是数值越小越好的项目，就有必要对数据进行更换。**比如，排行榜的排名、百米短跑的时间等，就属于这种情况。

从多个角度描绘数据的分布

我们使用直方图可以展示数据的分布状况。然而，直方图只能从一个角度进行展示，既不能表示时间序列的分布变化，也不能从多个角度对数据分布做比较。

能够满足人们这样的需求的是“箱形图”，在箱形图中的矩形箱的上下各有一条线（图 2-10）。绘制箱形图时，先将一组数据按照从小到大的顺序排列，再将其个数均分为 4 份。从最小的数值算起，位于整体四分之一的数值为下四分位数，位于整体正中央的数值为中位数，位于整体四分之三的数值为上四分位数。如果数据共 11 个，那么第 3 个、第 6 个、第 9 个就分别是下四分位数、中位数、上四分位数。下边缘和矩形箱、上边缘与矩形箱之间分别由上下两条线连接。

箱形图虽然看起来与表示股价变化的蜡烛图很相似，但是绘制方法并不一样。这一点请注意。

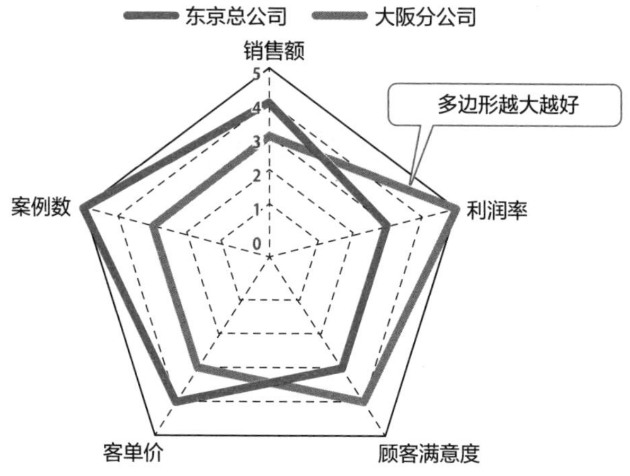

图 2-9 雷达图

应用程序使用天数（一个月）

Word	Excel	PowerPoint
1	1	2
3	1	3
5	3	3
6	4	5
7	6	8
10	7	10
12	7	11
15	8	13
18	8	14
20	10	15
21	13	17

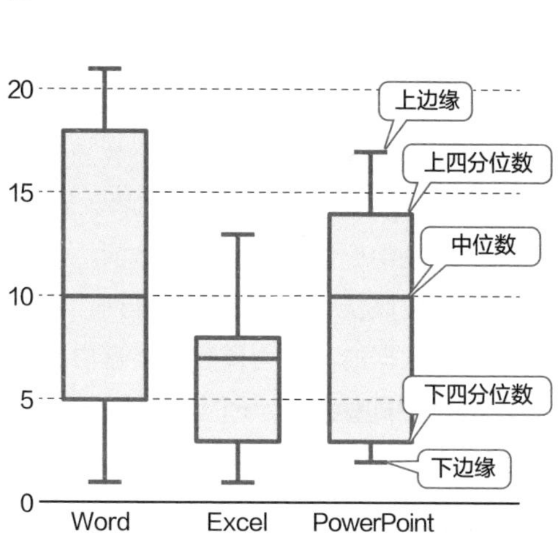

图 2-10 箱形图

要点

- 人们在从多个角度对数据做对比时会使用“雷达图”。
- 人们在表示基于时间序列的分布变化，从多个角度对数据分布做对比时会使用“箱形图”。

2-6 构成数据基准的数值

代表性数值、平均值、中位数、鲁棒性、众数

了解位于数据整体中正中央的数据

人们可以通过绘制频数分布表、直方图来把握数据的分布情况。对于同一个图形，不同的人会有不同的印象。如同我们对“好吃”“身高很高”之类的模糊的语言表达进行数值化处理一样，我们也要对图形等进行数值化处理。

当人们面对众多数据，想要以数值表示数据的分布时，会使用“**代表性数值**”（能够代表数据的数值）。“**平均值**”就是一个非常常用的代表性数值。我们将数据数值之和除以数据个数就能得到平均值（图 2-11）。

许多人都了解平均值，平均值是一个便利的数值。有时，我们会计算出与我们的直觉迥异的平均值。比如图 2-12 所示的就是这种情况。**当数据的分布不均衡，存在极端的数值时，平均值就会偏离中央的位置。**

于是，人们引入了“**中位数**”的概念。所谓中位数就是在一组数据中，小于这个数的数据和大于这个数的数据的个数相同的数据。顾名思义，中位数是位于“数据的正中央的数值”，将所有数据按照从小到大的顺序排列时，中位数正好处于整体的一半的位置。如果数据的个数为奇数，将数据按照从小到大的顺序排列，位于正中央的数据的数值就是中位数，如果数据的个数为偶数，接近中央的 2 个数据的平均值就是中位数。**在数据中即使加入一个过大或过小的数值，中位数也不会有太大变化。**这个特点被称为“**鲁棒性**”。

了解频繁出现的数值

在数据中，特别频繁出现的数值被称为“**众数**”（图 2-13）。在一组数据中，众数不一定只有一个，如果有多个数值频繁出现，则每个数值都是众数。

使用频数分布表、直方图思考众数的时候，人们以组距正中央的数值为众数。此时，如果改变组距，即使数据相同，众数也会改变，对于这一点，需要引起注意。

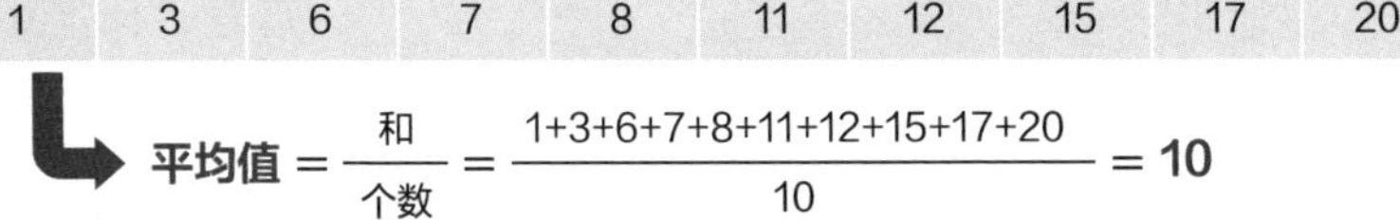

图 2-11 平均值的计算

1	1	1	1	2	2	2	2	2	3	3	4	5	6	70

$$平均值 = \frac{和}{个数} = \frac{1+1+1+1+2+2+2+2+2+3+3+4+5+6+70}{15} = 7$$

数据的分布

1	1	1	1	2	2	2	2	2	3	3	4	5	6	70

中位数=2

图 2-12 中位数的计算

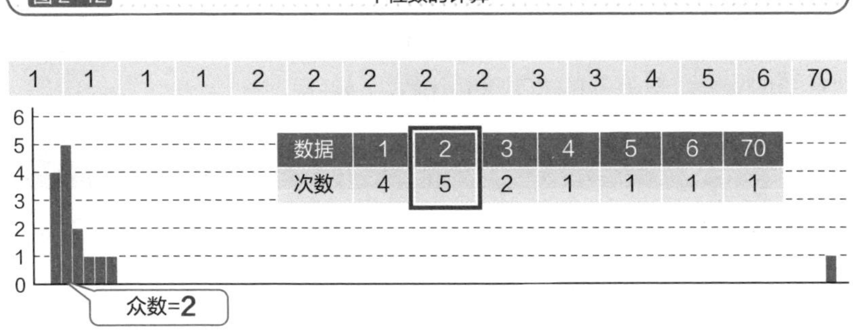

数据	1	2	3	4	5	6	70
次数	4	5	2	1	1	1	1

图 2-13 众数的计算

要点

- 人们将数据数值的和除以数据个数就可以求得平均值。
- 中位数就是在对数据进行排列时，位于正中央的数值。
- 众数就是在数据中最频繁出现的数值。

2-7 掌握数据离散程度

方差、标准偏差

查看数据的离散程度

我们通过使用平均值、中位数实现了数值化，但是仅仅查看平均值、中位数并不能了解数据的分布情况。图 2–14 中上下两图的观感大为不同，但是两者的平均值、中位数却是相同的。

我们要从数值的角度把握这些数据分布的差异，就需要**对数据的离散程度进行数值化。**想要表示离散程度，我们需要这样的指标，如果各个数据与平均值相距甚远，指标就会变大；反之，如果各个数据接近平均值，指标就会变小。

不过，人们计算数据数值与平均值的差的时候，得出的结果有可能是正数也有可能是负数。于是，就有了“**方差**”这一概念。方差越大则表示各个数据数值越偏离平均值。如图 2–15 所示，将各个数据数值与平均值之差的二次幂相加之和除以数据个数，就可以求出方差。单独的一个方差数值没有任何意义，只有在用多个数据对比离散程度时才有意义。例如，在某所学校举行语文、数学考试之后，我们可以分别算出这两门课成绩的方差，对方差的大小进行比较。

统一单位

我刚刚讲过，我们可以用方差来对比数据的离散程度。由于人们在计算方差时，进行了平方计算，带来了单位的变化。于是，人们就对平方做反向运算，即算出方差的平方根，这个平方根被称为“**标准偏差**”。例如，在图 2–15 上图所示的方差为 4，那么标准偏差就是 2；在图 2–15 下图所示的方差为 10，那么标准偏差就是 10 的平方根等于 3.16……

与方差一样，标准偏差也是用于表示数据离散程度的指标，数值越大，所代表的离散程度越高；数值越小，所代表的离散程度越低。也就是说，我们通过观察平均值和标准偏差，就可以**判断某个数据的数值是接近平均值，还是远离平均值。**

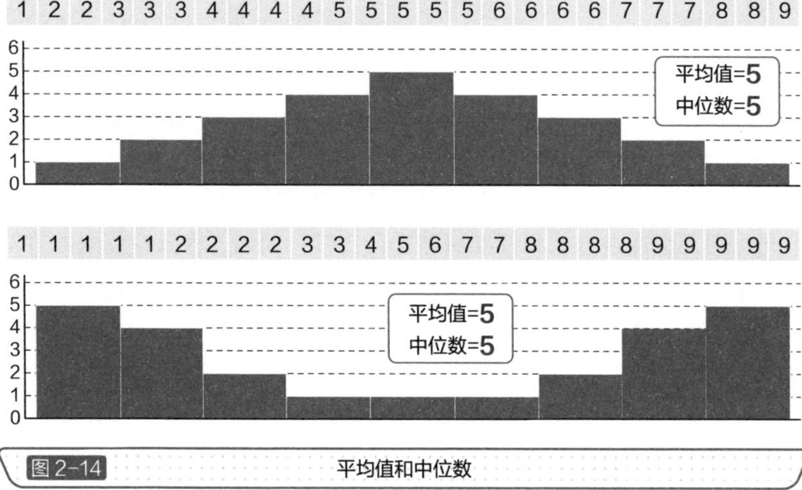

图 2-14 平均值和中位数

数据	1	2	2	3	3	3	4	4	4	4	5	5	5	5	5	6	6	6	6	7	7	7	8	8	9
与平均值之差	-4	-3	-3	-2	-2	-2	-1	-1	-1	-1	0	0	0	0	0	1	1	1	1	2	2	2	3	3	4
与平均值之差的二次幂	16	9	9	4	4	4	1	1	1	1	0	0	0	0	0	1	1	1	1	4	4	4	9	9	16

$$方差 = \frac{与平均值之差的平方和}{个数} = \frac{16+9+9+4+\cdots+9+9+16}{25} = 4$$

数据	1	1	1	1	1	2	2	2	2	3	3	4	5	6	7	7	8	8	8	8	9	9	9	9	9
与平均值之差	-4	-4	-4	-4	-4	-3	-3	-3	-3	-2	-2	-1	0	1	2	2	3	3	3	3	4	4	4	4	4
与平均值之差的二次幂	16	16	16	16	16	9	9	9	9	4	4	1	0	1	4	4	9	9	9	9	16	16	16	16	16

$$方差 = \frac{与平均值之差的平方和}{个数}$$

$$\frac{16+16+16+16+16+9+\cdots+9+16+16+16+16+16+16}{25} = 10$$

对方差进行比较

图 2-15 方差的计算

要点

- 人们利用方差对偏离平均值的数据进行放大处理，以此展示数据的离散程度。
- 标准偏差就是方差的平方根。

2-8 用一个标准判断

变异系数、标准化、偏差值

针对不同种类的数据以相同的指标做比较

我们可以通过方差和标准偏差来把握数据的离散程度，但如果单位不同，则无法通过方差和标准偏差进行比较。例如，将身高数据的单位从厘米变为米；数值就会发生大幅变化，方差和标准偏差的数值也会发生大幅变化。将 10 分满分的考试成绩改为 100 分满分时，也会有同样的情况发生。

我们如果引入“变异系数”的概念，就可以很简单地对单位不同的数据、满分不同的考试成绩进行比较了。变异系数是通过将标准偏差除以平均值计算出来的。如图 2-16 所示，针对所使用单位不同的同样数据，我们计算出的方差、标准偏差的数值完全不同，但是**计算出的变异系数却与所使用单位无关，完全相同。**

对数据进行转换之后加以比较

我们可以通过变异系数对比不同数据整体的离散程度的差异。人们**也有通过转换数据来统一单位的方法。**将给定的数据的数值进行转换，令平均值变为 0，方差变为 1 的转换方法被称为“标准化”。为了使平均值为 0，首先就要从各个数据的数值中减去平均值。然后，为了使方差为 1（标准偏差为 1），再用各个数据与平均值的差除以标准偏差。也就是说，我们先计算每个数据的数值与平均值的差，再用这个差除以标准偏差即可（图 2-17）。

人们使用标准化方法在评价学校学生的考试成绩时，会采用被称为“偏差值”的概念。我们使用偏差值，可以不根据考试满分的分数、成绩的离散程度对每位学生在全体学生中所处的位置做出判断。

此时，人们认为带有小数点的数值不便于理解，就将标准化处理后的数值乘 10 再加上 50，对结果的小数点以下部分做四舍五入的处理，最终得到整数结果。人们设定 50 为平均值，10 为标准偏差。

学生	A	B	C	D	E	平均值	方差	标准偏差	变异系数
身高（厘米）	172	165	186	179	168	174	58	7.615773	0.04376881
身高（米）	1.72	1.65	1.86	1.79	1.68	1.74	0.0058	0.076158	0.04376881

以厘米为单位的时候 $\frac{7.615773\cdots\cdots}{174} \approx \mathbf{0.04376881}$

以米为单位的时候 $\frac{0.076158\cdots\cdots}{1.74} \approx \mathbf{0.04376881}$

$$\text{变异系数} = \frac{\text{标准偏差}}{\text{平均值}}$$

图 2-16 易于比较的变异系数

学生	A	B	C	D	E	平均值	方差	标准偏差
身高（厘米）	172	165	186	179	168	174	58	7.615773
身高（米）	1.72	1.65	1.86	1.79	1.68	1.74	0.0058	0.076158

标准化　例：$\frac{172-174}{7.615773} \approx \mathbf{-0.2626129}$

学生	A	B	C	D	E	平均值	方差	标准偏差
标准化处理后的身高（单位为厘米的时候）	-0.2626129	-1.1817579	1.5756772	0.6565322	-0.7878386	0	1	1
标准化处理后的身高（单位为米的时候）	-0.2626129	-1.1817579	1.5756772	0.6565322	-0.7878386	0	1	1

计算偏差值　例：$50-0.2626129 \times 10 \approx \mathbf{47.37}$

学生	A	B	C	D	E	平均值	方差	标准偏差
偏差值	47	38	65	56	42	50	100	10

图 2-17 标准化与标准偏差

要点

- 人们使用变异系数的时候，即使各种数据的单位不同，依然能够比较容易地做比较。
- 标准化是一种使平均值为 0、方差为 1 的数据转换方法，偏差值的概念就来自标准化方法。

2-9 处理不恰当的数据

异常值、缺失值

找出与众不同的数据

我们根据数据的数值绘制直方图等图形，就能够一览数据的分布状况。此时，如果存在我们仅仅通过观察数据而无法发现的特殊数据，马上就能够把它们找出来。

在图 2-18 中，我们发现有一个数据处于远离其他数据的位置。这样的异常数据被称为“异常值”，异常值有可能会对分析结果造成影响。

这样的异常值或许是由手工输入时的简单的输入错误造成的，或许是通过传感器等导入数据时发生的测量错误造成的。在进行数据分析之前，我们必须删除、修正这样的数据。

查看是否存在缺失的数据

我们在分析数据之前，需要进行查看的不只是异常值。比如，我们在收集日本全国都道府县的数据时，发现数据只有 46 条。在这种情况下，我们有可能遗漏了都道府县中的某一地区的数据。

此外，在观测时间数据的时候，我们在查看每小时的观测结果后可能会发现某个数据被遗漏了。此外，数据记录中，有时会出现“NULL”“N / A”之类的表示。

这样的数据被称为“缺失值”。造成缺失值的原因有很多，有可能是相关人员忘记了观测，有可能是传感器发生了某种故障而没能观测到数据，也有可能是在做问卷调查时没有得到匹配的回答（图 2-19）。

如果存在缺失值，我们即使进行了数据分析，也得不到正确的结果。遇到缺失值的时候，我们除采取将其排除的处理方法外，还经常采用取平均值，或者使用多重插补法等方法。

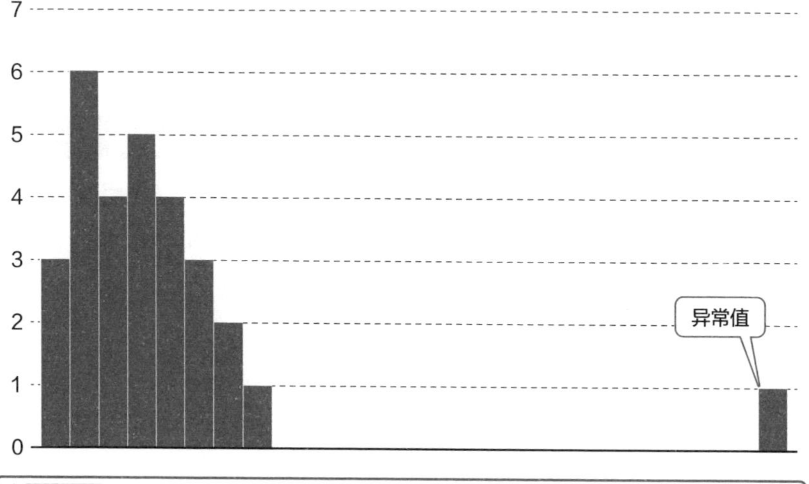

图 2-18 绘制图形之后，容易发现异常值

日期	最高气温（摄氏度）	最低气温（摄氏度）
2022-04-01	20	12
2022-04-02	18	11
2022-04-03	21	14
2022-04-04	22	NULL
2022-04-05	21	13
2022-04-06	20	13
2022-04-07	23	15

缺失值

用平均值填充时

$$\frac{12+11+14+13+13+15}{6} = \mathbf{13}$$

图 2-19 处理缺失值的实例

要点

- 异常值为与其他数据的数值迥异的数据，如不进行排除、修正处理，可能会对分析结果造成恶劣影响。
- 如果存在缺失值，人们会采取根据其他数据进行填充的方法来处理。

2-10 为什么销售额的八成来自两成的商品

帕累托定律、帕累托分析、帕累托图、长尾效应

什么是帕累托定律

在数据分析领域，存在一条“80% 的结果归结于 20% 的起因”的经验法则，人们称之为“帕累托定律”（图 2-20）。“整体销售额的 80% 来自 20% 的商品”“企业总利润的 80% 是由 20% 的员工赚取的”“居家时间的 80% 是在家里 20% 的空间里度过的”等情况司空见惯。

如果我们了解了这个定律的话，可以将宣传投入集中到 20% 的畅销商品上。这样，**我们或许可以通过对特定领域的成本投入来实现效益的最大化。**

将畅销商品按顺序分为3组

基于帕累托定律，对畅销商品等进行的优先级分析被称为“帕累托分析”，制作的图形被称为“帕累托图”。我们可以根据各种商品的销售额制作柱形图，然后在柱形图上使用折线图画出累计占比（图 2-21）。

在制作完成的图形中，人们根据累计占比将商品分为 A、B、C 3 组，所以帕累托分析也被称为“ABC 分析”。一般而言，人们将累计占比高达 70% 的商品列入 A 组，10% 至 20% 的商品列入 B 组，10% 以下的商品列入 C 组。

其中，A 组中的商品的销售额占到整体的大部分，所以我们要积极开展 A 组商品的宣传工作，注意避免缺货。与 A 组商品不同，C 组商品的销售额在整体中只占很小一部分，我们可以考虑停止销售这样的商品，用其他商品替代这类商品。

对普通的店铺而言，库房的存储空间、商品的摆放空间都是很有限的，所以人们会采用上述的战略。但是，在电商平台上，如果将 C 组商品的销售额累计起来，也能形成良好的销售业绩，这被称为“长尾效应”。

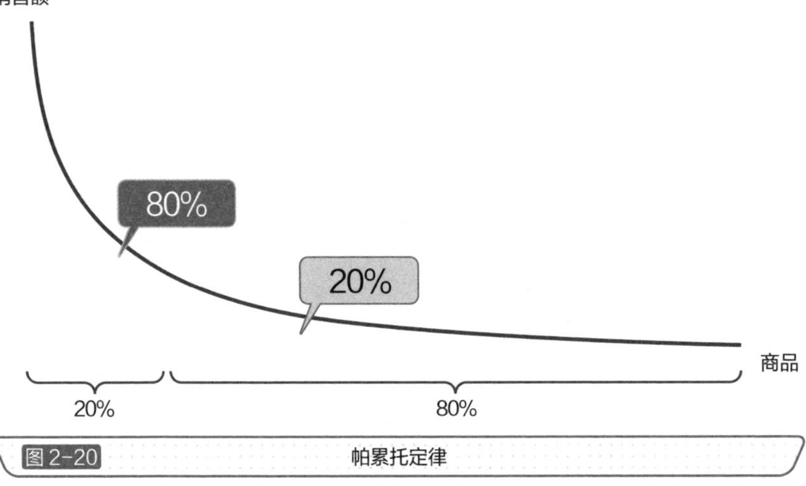

图 2-20 帕累托定律

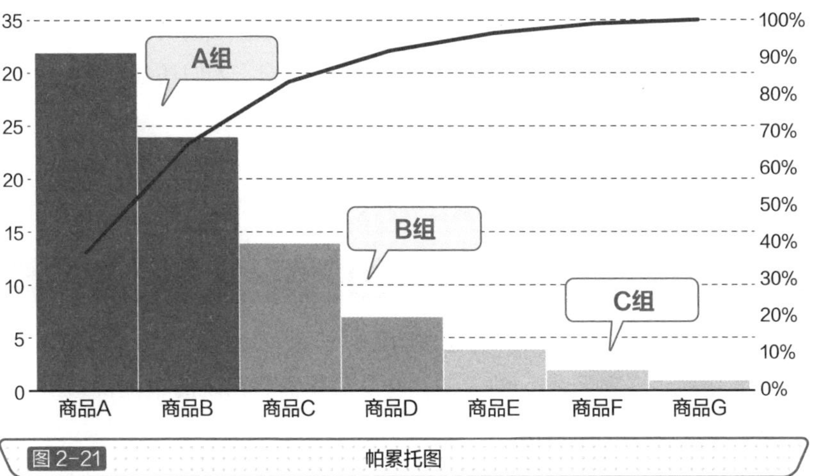

图 2-21 帕累托图

要点

- 符合帕累托定律的现象在我们身边非常常见。
- 人们使用帕累托图，根据累计占比对畅销商品等做出判断的分析方法被称为“ABC 分析”。
- “长尾效应”是指针对非畅销商品，追求其累计效果的市场营销方法。

对数量实施视觉展示

数据可视化、热图、文字云图

易懂的数据展示方法是什么

当今我们所处的时代被称为“信息泛滥的时代”。由于信息过多，人类根本处理不过来。我们想要掌握大数据时，仅仅通过查看未经处理的数据是无论如何也做不到的。

人类是通过五感来获取信息的，在使用个人电脑、智能手机等终端设备时比较通俗易懂的信息获取方式是视觉方式。因此，**我们需要努力将海量数据以视觉方式展示给人们，以易懂的方式将信息传递给人们。**

对数据进行视觉化处理被称为“数据可视化”。人们在绘制“热图”时，采用了如同显示温度分布的热谱图那样的着色方法（图 2-22）。人们可以通过热图追踪网络浏览器用户浏览网页时视线的动向，把握用户长时间关注的位置，进而对网站做出改进。此外，人们还会经常使用通过鼠标操作、滚动操作进行测算的方法。

除简单的图形表达方法外，人们有时还会使用更具美感、更通俗易懂的具有故事性（讲故事）的表达方式。

对文字数据进行可视化

文章作为无法进行数值化处理的数据，也可以进行可视化处理。人们通过绘制“文字云图”的方法，将文章中高频出现的单词挑选出来，出现频率越高的单词就用越大号的字体进行表示。

我们查看这样的文字云图时，文章的主题、概念等就会一目了然。如果我们把日记等的内容以月、年为单位进行汇总，或许就能看到某个月、某一年我们曾经关注的那些词语。此外，如果我们将新闻按照时间序列进行汇总，或许就能领略世界的变化。这可以说是一个无须一字一句地阅读文章，就能从整体上把握文章内容的便利的方法。

图 2-22 热图的示意

要点

- 人们采用视觉方式，以便将数据分析结果更容易地传递给阅读者，这被称为“数据可视化”。
- 人们可以通过文字云图来把握文章中高频出现的单词。

2-12 任何人都可以使用的便捷的数据分析工具

BI 工具、OLAP

用数据为决策提供支持

企业的组织内部会积累大量的数据，但是并非每个人都具备分析这些数据的技能。除了分析专家，大多数人只具备使用 Excel 软件对手上的数据进行处理的能力而已。况且用 Excel 软件整理数据也是一件费时费力的工作。在不少情况下，让人们专注于自己的本职业务，比花费时间去学习数据分析方法更有意义。

如果有可以简单地确认数据分析结果的方法，那么人们就有可能根据数据做出判断。如果收到采用图形、表格形式的分析结果报告，即使是没有什么分析技能的人也能够理解数据的意义。

为了辅助经营者、第一线人员做出决策，研究人员成功开发出了"BI 工具"。BI 是 Business Intelligence（商业智能）的略称。BI 工具的作用在于通过收集、加工组织现有的数据，为组织的商业活动提供支持（图 2-23）。

最新版本的 BI 工具具有包括销售分析、预算管理和经营分析等在内的各种模板功能，用户只需提供数据即可在一定程度上进行自动分析。

实时分析数据

人们在使用 BI 工具的时候，如果处理过程过于耗时，那也会没有意义。此时，人们需要对必要的信息迅速做出分析并显示分析结果。为此，许多 BI 工具都添加了"OLAP"功能。OLAP 是 Online Analytical Processing 的略称，被译作"联机分析处理"。

此处的"联机"具有实时的含义。OLAP 可以对众多数据实施快速的综合分析，并能迅速显示分析结果。此外，OLAP 一般是指针对多维度数据库的分析（图 2-24）。

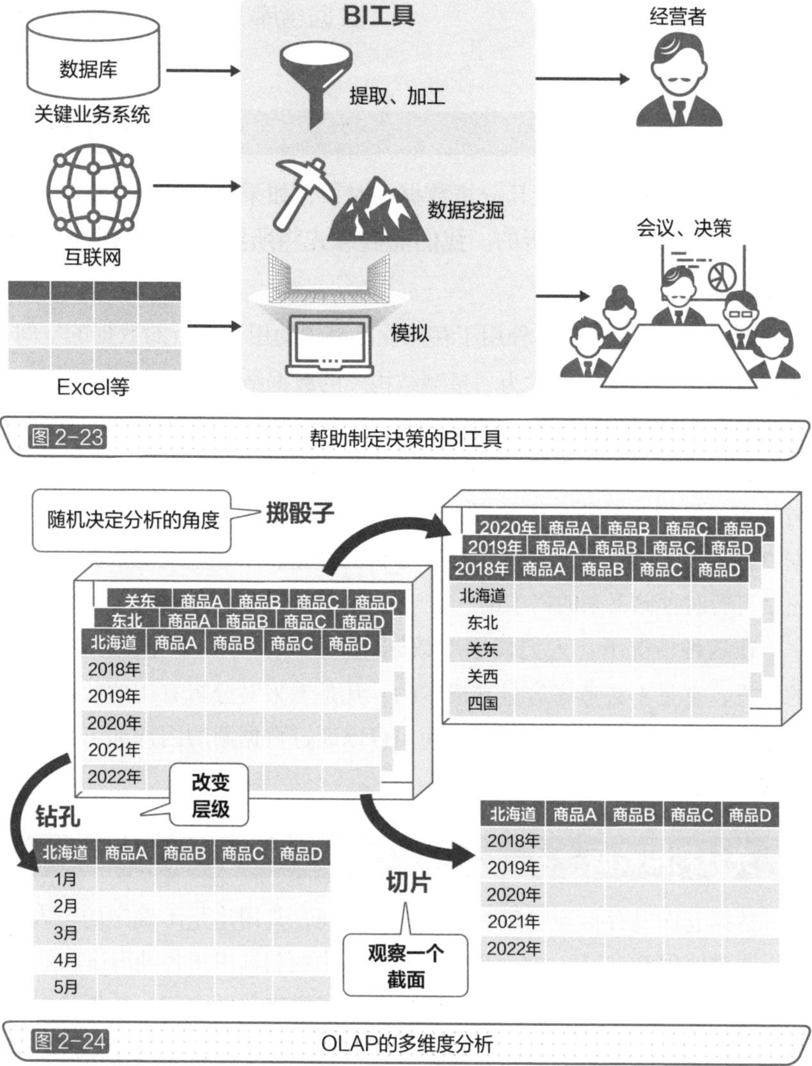

图2-23 帮助制定决策的BI工具

图2-24 OLAP的多维度分析

要点

- BI 工具具有自动实现数据的提取、加工、数据挖掘等处理的功能，能够为经营者、第一线人员做决策提供支持。
- 人们使用 OLAP，可以从各种各样的角度来把握数据。

2-13 集中管理数据

数据仓库、数据湖、数据集市

存储数据

我们尝试使用 BI 工具分析数据的时候，如果数据处于分散保存状态，那也是无法进行分析的。**我们需要事先将所要分析的数据保存在一个空间里。**

“**数据仓库**”就是一种用于存储业已整理的用于分析的数据的空间。数据仓库中的数据由被称为“星型结构”的数据结构组成，BI 工具聚合这些结构，显示分析结果（图 2–25）。

数据仓库只能存储已经整理的数据。数据仓库只存储用于分析的、与使用场景相匹配的必要数据。但是，对于组织机构而言，所处理的数据堪称种类繁多。对于那些不用于分析的数据、未经整理的数据，人们还是有暂时存储下来的需求的。

在这种情况下，人们使用“**数据湖**”。数据湖就是“数据的湖泊”的意思，它是不必考虑容量和成本的，凡是看来对分析有用的数据都可以存储其中的空间。如有必要，人们可以通过数据湖的内部加工将其转变为数据仓库。

充分利用数据

数据仓库是存储业已整理的数据的空间，其用途是不确定的。人们可以通过使用 BI 工具，将存储在数据仓库中的数据用于各种用途。

与数据仓库不同，有一种被称为“**数据集市**”的空间，数据集市仅用于存储某个特定目的所需的数据。在存储仅限于特定部门使用的数据时，人们可以通过对数据的内容、项目做出限定，提高使用时的便利性。

因此，人们经常会采取从数据仓库中将数据分离出来以创建数据集市的做法（图 2–26）。

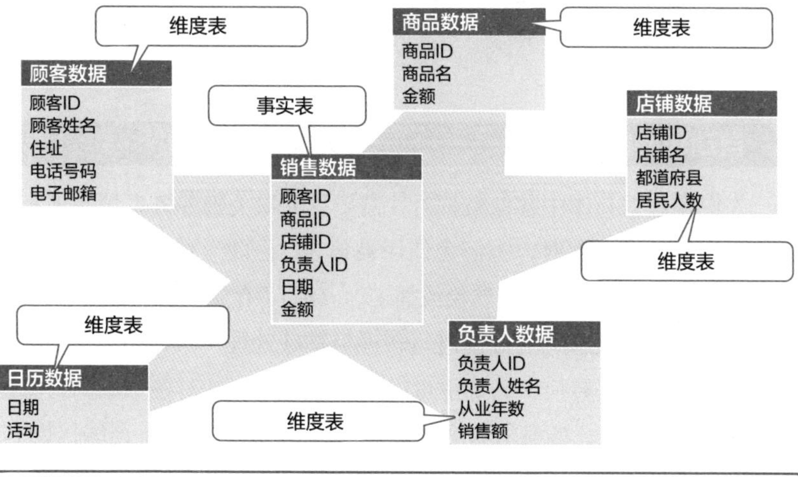

图2-25 数据仓库的星型结构

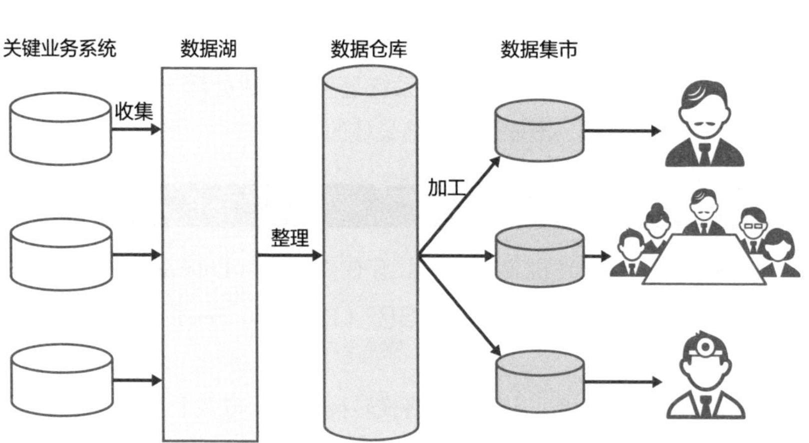

图2-26 数据湖、数据仓库、数据集市之间的关系

要点

- 数据仓库是存储用于分析的数据的空间，是由星型结构构成的。
- 人们会将来自各种系统的数据暂时保存在数据湖中，然后将用于分析的数据存储到数据仓库中，再将出于各种目的加工过的数据存储到数据集市中。

2-14 对数据协作进行思考

ETL、EAI、ESB

自动转换数据

人们在数据仓库中存储数据时，需要事先对关键业务系统等所拥有的数据进行整理。此时，人们会使用被称为“ETL”的工具。ETL是用Extract（提取）、Transform（转换或加工）、Load（存储）的首字母命名的，用于**对来自多个信息源的数据进行转换与集成处理**（图2–27）。

要想实现数据转换，人们也可以采取分别编制针对各个不同信息源的转换程序的方法。如要采取这样的方法，人们不仅需要掌握编程技术，还需要了解有关数据的详细知识。然而，人们如果使用ETL工具，在图形用户界面（GUI）上就可以进行转换操作，这样就可以节省开发工时。通过使用ETL，任何人都可以轻松地实现数据转换，这是它的优点所在，不过它也有缺点，那就是因为各个系统是独立完成处理工作的，从一个公司整体的角度来看，不能达到整体最佳的效果。

应用程序间的数据交互

与ETL具有相似机制的工具还有“EAI”（Enterprise Application Integration，企业应用集成）和“ESB”（Enterprise Service Bus，企业服务总线）（图2–28）。

EAI的功能在于通过运用数据格式转换机制，与多个系统展开协作，实现应用程序间的数据交互。ESB的功能在于通过对多个服务进行组合，构建新的应用程序。EAI的特点是将多个应用程序集中起来进行数据处理，而ESB的特点是将分散的多个服务整合起来，作为一个应用程序进行数据处理。

可以说，ETL负责数据库之间的转换工作，而EAI、ESB则负责应用程序之间的转换工作。在多数情况下，人们使用ETL进行大量数据的一次性转换处理，与ETL的使用场景不同，人们通常会在需要对少量数据进行实时处理时使用EAI、ESB。

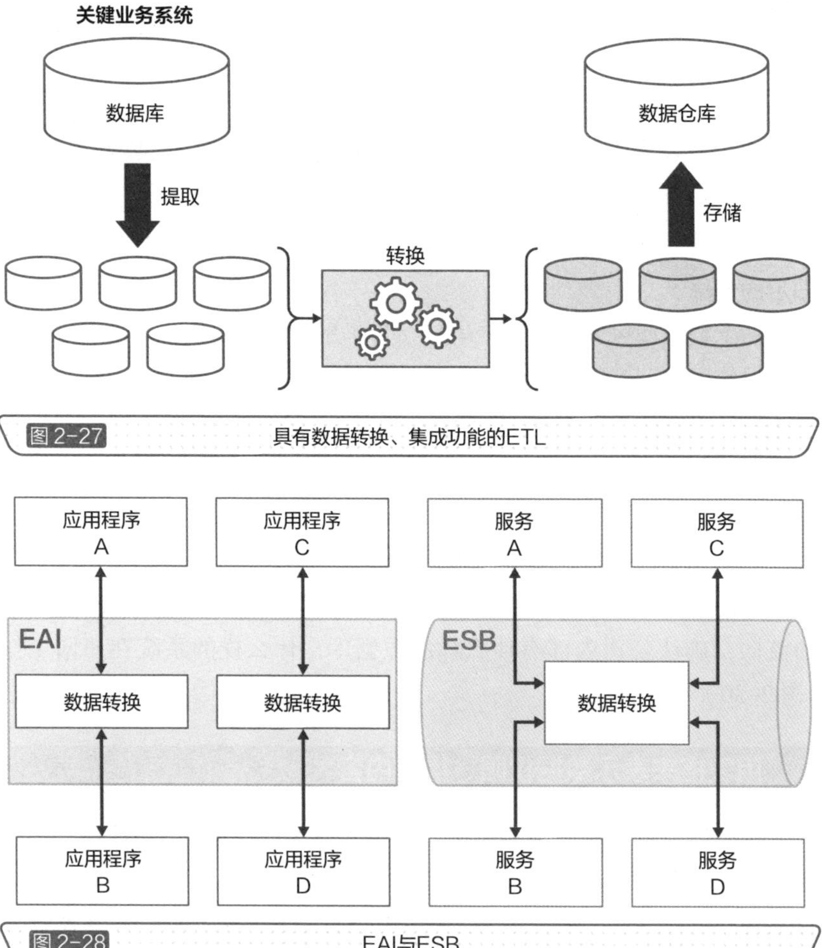

图 2-27 具有数据转换、集成功能的ETL

图 2-28 EAI与ESB

要点

- 伴随 ETL 工具的诞生，针对来自各种各样信息源的数据的转换与集成工作变得更加容易了。
- 人们使用 EAI、ESB，除了可以完成数据转换，还可以从应用程序协作的角度来处理数据。
- EAI、ESB 常常用于实时数据转换处理。

对数据结构进行可视化

ER 图、DFD 图、CRUD 表、CRUD 图

图示数据库结构

在组织机构内数据库中存储着大量数据的时候，人们需要把握数据存储的位置。此时，为了让所有人都能轻松地了解其构成，人们会使用图示的方法。

一个数据库可以保存多个表格，为了展示多个表格之间的关系，人们可以使用“ER 图”。ER 图是用 Entity（指表格等）和 Relationship（表示表格之间的关系等）的首字母命名的。

图 2-29 所示的是针对会员、商品、订单等的 Entity，一位会员下了多个订单、一单中购买多件商品的 Relationship。

与 ER 图不同，DFD 图（Data Flow Diagram）是用来显示系统中数据流向的图形。人们通过使用 DFD 图这种简单的图形就可以把握数据的流向，确认公司内部有什么样的数据库，什么样的系统在协同工作（图 2-30）。

用表格来表示数据权限、操作内容

人们在了解数据库中表格之间的关系、系统之间数据的流向之后，接下来需要把握什么人具有什么样的权限的信息。于是，CRUD 表、CRUD 图就出现了。CRUD 表、CRUD 图就是人们将针对 Create（制作）、Read（参照）、Update（更新）、Delete（删除）等处理的权限、操作记录等信息整理成的表格、图形，是用 Create、Read、Update、Delete 的首字母命名的（图 2-31）。

人们如果能够了解数据是通过怎样的处理过程制作、更新的，在程序开发阶段就容易发现功能的遗漏问题，在维护阶段也能减少遗漏修改的情况的发生。

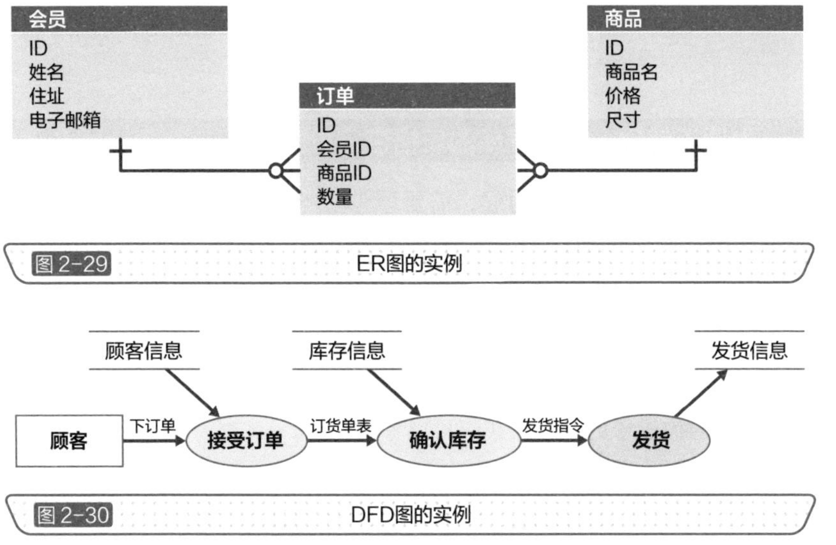

图 2-29 ER图的实例

图 2-30 DFD图的实例

	顾客主数据				商品主数据				订单主数据			
	C	R	U	D	C	R	U	D	C	R	U	D
顾客注册	○											
顾客搜索		○								○		
顾客更新			○									
顾客删除				○						○		
商品注册					○							
商品搜索						○				○		
商品更新							○			○		
商品删除								○		○		
订单注册		○				○			○			
订单搜索		○				○				○		
订单删除		○				○						○

图 2-31 CRUD表的实例

要点

- 人们可以通过绘制 ER 图来展示数据库中表格之间的关系。
- DFD 图以图形的形式来展示系统之间数据的流向。

2-16 设计数据库

为便于使用，对数据库的表格进行分割

人们在创建数据库的时候，需要思考在表格中应该设置怎样的项目。**如果我们在一个表格中加入种类繁多的数据，那么将各种表格组合起来进行分析时就会遭遇困难，注册、更新也会变得困难。**

于是，人们在设计数据库的时候，必须思考在哪个表格中设置怎样的项目才更有效率的问题。假设我们需要存储图 2-32 所示那样的数据，采用怎样的构成才更好呢？我们可以考虑一下。

如果像 Excel 表格那样，将所有项目都集中在一个表格中，搜索和更新的效率就会下降。比如，在表格中，如果只想修改总务部这一部门的名称，对于总务部所属人员的数据都必须进行更新。

此外，在搜索家属的姓名时，我们就必须对家属 1、家属 2、家属 3 等各列信息一一进行搜索。当然，我们在统计家庭人口总数时，也会费时费力。

人们为了避免数据的重复，提高搜索、更新、添加、删除的效率，会如图 2-33 所示那样对表格进行分割，这被称为"正规化"。这样一来，人们在遇到需要修改部门名称的情况时，仅仅更新部门表格就可以了，统计员工的家庭人口时也会变得轻而易举。

性能优先

人们进行正规化之后，在多数情况下系统会结合多个表格来显示结果，这有时会导致处理时间过长。如果我们基本上不添加、更新、删除数据，只是查看显示搜索结果的列表的话，图 2-33 所示的表格的结构或许更好。这种与正规化完全相反的操作被称为"非正规化"。

员工编号	员工姓名	部门名称	家属1	家属2	家属3
000001	铃木太郎	总务部	花子	一郎	二郎
000002	山田和子	总务部	健一	大辅	
000003	佐藤次郎	人事部	春子	夏子	
000004	离桥三郎	人事部			
000005	田中惠子	财务部	翔太		

图 2-32 实施正规化之前，数据存储不够高效

员工编号	员工姓名	部门编码
000001	铃木太郎	001
000002	山田和子	001
000003	佐藤次郎	002
000004	离桥三郎	002
000005	田中惠子	003

家属编码	员工编号	家属姓名
001	000001	花子
002	000001	一郎
003	000001	二郎
004	000002	健一
005	000002	大辅
006	000003	春子
007	000003	夏子
008	000005	翔太

部门编码	部门名称
001	总务部
002	人事部
003	财务部

图 2-33 实施正规化之后，数据管理会变得容易

要点

- 针对实施正规化之后的数据库，搜索、更新、添加、删除等操作变得更高效。
- 即使对表格实施了正规化，也能将多个表格合并起来。
- 如果人们的使用场景较多是使用搜索结果的列表的话，非正规化的操作会更有效。

2-17 对纸上打印的数据进行提取处理

OCR、OMR

从纸质资料中提取文字制作文本文件

人们在使用计算机处理文章的时候，处理对象必须是文本数据。然而，有时人们手上只有印刷的资料、使用扫描仪读取的图像数据。

此时，我们要想处理这样的文章，必须将图像数据转换为文本数据。当然，我们可以使用键盘以手工作业的方式将文本数据输入计算机。但要是能够实现对图像数据中包含的文字的自动识别，那就再方便不过了。

这个时候，人们会使用 OCR。OCR 是 Optical Character Reader 的略称，被翻译为“光学文字识别”，有时简称为“文字识别”（图 2-34）。如果识别的对象是英语，因为只有字母和数字，并且单词之间还有空格，目前读取精度已经达到较高水准。对于日语的识别，近来精度也有提升。日语中像汉字“夕”与片假名“タ”、汉字“力”与片假名“カ”那样的不结合上下文连人都会弄错的文字有很多。所以，**要想实现接近 100% 的精度还尚待时日。**

读取标记

与 OCR 同样采用机械识别方式的还有 OMR。OMR 是 Optical Mark Reader 的略称，被翻译为“光标阅读机”。OMR 经常用于大学入学考试等标准考试中对答题卡中被填涂的位置所进行的机械判定。**OMR 只是检查标记的位置，读取精度很高，基本接近 100%**（图 2-35）。

要想正确导入大量数据，人们需要构建能够利用机械处理的、能够实现快速处理及高精度读取的环境。由于只需要纸张和铅笔，无需任何技能，准备成本低廉，OMR 经常被用于问卷调查、考试之中。

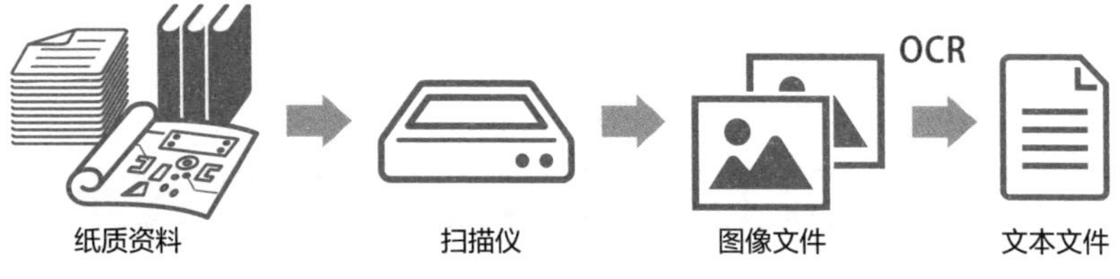

图 2-34　具有识别文字功能的OCR

解答

Q01	A	B	B	D	Q11	A	B	B	D
Q02	A	B	B	D	Q12	A	B	B	D
Q03	A	B	B	D	Q13	A	B	B	D
Q04	A	B	B	D	Q14	A	B	B	D
Q05	A	B	B	D	Q15	A	B	B	D
Q06	A	B	B	D	Q16	A	B	B	D
Q07	A	B	B	D	Q17	A	B	B	D
Q08	A	B	B	D	Q18	A	B	B	D
Q09	A	B	B	D	Q19	A	B	B	D
Q10	A	B	B	D	Q20	A	B	B	D

图 2-35　具有识别标记功能的OMR

要点

- 人们使用 OCR，可以识别图像中的文字，提取文本数据。
- 人们使用 OMR，可以对答题卡中被填涂的位置机械地做出判定。

2-18 高精度、高速度地导入数据

条形码、二维码、NFC

机械性地读取印刷出来的数据

销售员在收银台收银的时候，经常会使用读取商品**条形码**的方法。条形码是由白条和黑条交错印刷而成的。人们使用条形码读入器读取条形码就可以获得商品的商品编码等数字数据（图 2-36）。

人们通过使用 POS 机读取条形码，在获得商品信息的同时，还可以记录销售数据。此外，人们盘点库存的时候，可以通过读取条形码迅速对当前的库存数量进行确认。

由于人们在条形码中添加了“校验码”，**所以基本上避免了误读的发生。**不过，条形码也有一个缺点，那就是能够存储的数据量比较少。

将大量的信息塞入纸中

人们使用条形码时只能读取数字，使用**二维码**时则可以读取文章、网站等。如今，在印刷品上印有二维码的情况越来越多，人们使用智能手机等的照相机可以进行读取二维码。连电子货币的结算也会使用这种二维码。

使用标签进行读取

当前，安装在智能手机等设备上的**NFC**备受人们关注。NFC 是 Near Field Communication（近场通信）的略称。作为我们身边的应用场景，Suica 等电子货币就是基于 NFC 功能的（图 2-37）。

人们从市面上购买可改写的 NFC 标签之后，可以使用智能手机对 NFC 标签进行读取，设置自动处理模式。由于使用 NFC 标签进行数据交互时的成本低廉，人们常常将其用于积分卡、滑雪场的索道券、宾馆客房的钥匙等。

图2-36 条形码与校验码

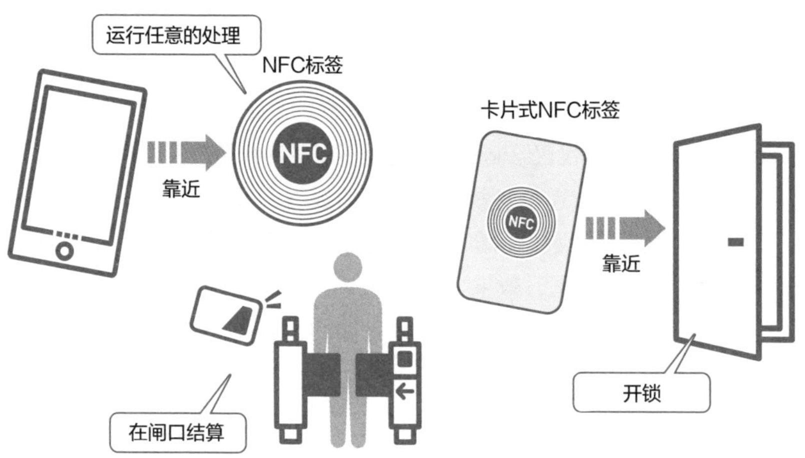

图2-37 NFC的利用

要点

- 人们使用条形码可以读取商品的商品编码等信息。
- 二维码可以显示文章、网站等非数字的文字数据，近来也应用于电子货币的结算领域。

试一试　选择一下合适的图表吧

在第2章里，我们对各种各样的图形进行了介绍，比如，用于强调“数量”的柱形图、用于表示“变化”的折线图、用于展示“占比”的饼状图等。不过，我们在选择图形的时候，是没有标准答案的。假设有下面这样的数据，让我们思考一下使用什么样的图形比较好呢。

2022 年信息处理技术人员考试报名人数

单位：人

应用信息技术人员	信息技术战略家	系统构建	网络	信息技术服务经理
49171	6378	5369	13832	2851

看到上面的数据时，如果我们想要强调数量就使用柱形图，如果想要传递占比信息就使用饼状图。也就是说，我们选择哪种图形都没有问题。

重点在于我们“想要传递的信息是什么”。比如，我们想要传递数量信息而使用柱形图时，仅仅绘制柱形图还是不能明确我们想要表达的内容。

如果我们想要传递信息技术战略家的报考人数在增加并且已经超过了系统构建的报考人数的信息，我们可以像图 2-38 那样加上特殊颜色、写有说明内容的对白框，效果会更好。

各位可以尝试利用手头上的各种各样的数据绘制图形，并对能够取得良好传递效果的方法进行思考。

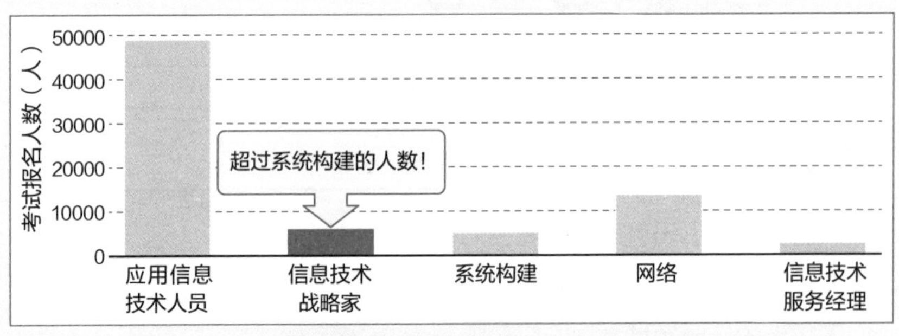

图2-38　2022年信息处理技术人员考试报名人数

第3章

数据处理与充分利用

—对数据进行分类和预测—

3-1 根据获取时间而变化的数据

时间序列数据、趋势、噪声、周期

通过等时间间隔做记录的方式观察变化

人们伴随时间的推移观测到的数据被称为“时间序列数据”。比如股票价格的变化、气温的变化、体重的增减等数据就是时间序列数据。**人们会通过定期重复在相同条件下的观测活动，将随时间变化而变化的数据记录下来**（图 3-1）。

通过按时间顺序排列数据，人们不仅可以了解过去的变化，还可以预测未来的变化。因此，按时间顺序排列数据非常有用。人们在分析数据时，如果存在数据重复、缺失的问题，那就无法做出正确的分析。此时人们需要一种自动记录系统。

人们排列时间序列数据时，将长期的变化称为“趋势”。人们观察长期的变化时，虽然也会观察到细微的变化，但还是可以把握上升趋势、下降趋势等大的趋势。

获取时间序列数据时，由于设备故障等，可能会产生与本来的信息无关的误差。这种不必要的信息被称为“噪声”。噪声可能会影响分析，因此人们必须尽可能地消除它们。

关注相似的变化

伴随季节交替，每年都会重复发生类似的变化。像这样的事例有很多。例如，我们在思考各行各业的销售业绩时，脑海中很自然地就会浮现出信息服务业和房地产业在年度[①]末期的3 月的销售额会比较高，住宿业 8 月的销售额会比较高等信息。

事实上，根据日本总务省统计局发布的《服务业趋势调查》，各个行业在每年同一时期的销售业绩都是差不多的（图 3-2）。2020 年和 2021 年，由于新冠疫情全球大流行，住宿业和餐饮业受到严重打击，但也有一些行业似乎没有受到太大的影响。这种同样的事情每隔一定的时间会重复发生的趋势被称为“周期”。

---

① 日本的“年度”与自然年不同，开始于该年4月1日，截止于次年3月31日。比如，2022 年度就是指 2022 年 4 月 1 日至 2023 年 3 月 31 日的一年时间。——译者注

股价数据（日经平均指数）

日期	收盘价（日元）
2022-03-01	29663.50
2022-03-02	29408.17
2022-03-03	29559.10
2022-03-04	28930.11
2022-03-05	28864.32
2022-03-08	28743.25
…	…

气温数据（传感器）

时刻	温度（摄氏度）
08:00:00	6.5
08:01:00	6.5
08:02:00	6.6
08:03:00	6.7
08:04:00	6.7
08:05:00	6.9
…	…

体重数据（体检）

日期	体重（千克）
2017-07-02	72.5
2018-06-01	74.1
2019-06-15	71.8
2020-05-31	73.2
2021-07-08	75.1
2022-06-11	74.9
…	…

尽可能间隔相等的时间记录数据

图 3-1 时间序列数据的实例

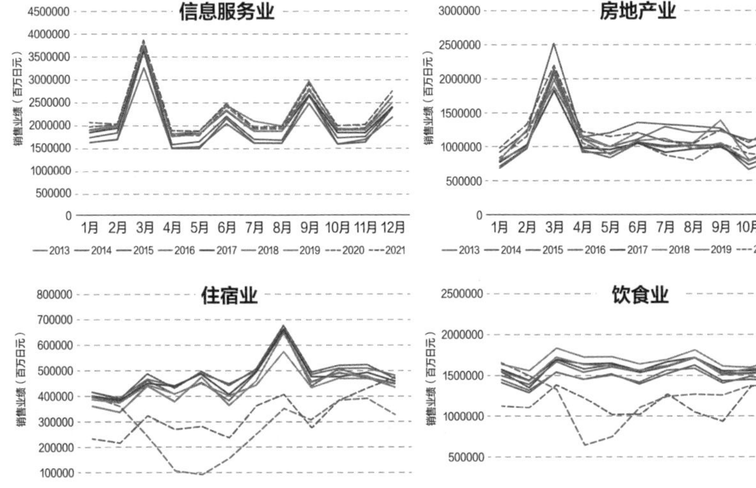

图 3-2 周期

要点

- 通过按时间顺序排列数据，人们不仅可以了解过去的变化，还可以预测未来的变化。
- 人们通过对周期的调查，可以在出于某种原因而发生异常时，对异常所造成的影响进行调查。

3-2 程序自动输出的数据

日志、转储文件

记录过去的行为

日志（Log）是一种按照时间序列输出的数据。人们在使用计算机的时候，就会自动输出各种各样的日志。比如，人们在计算机上登录、退出、访问网页、收发电子邮件等的操作时间和操作内容会按照时间序列被记录下来。日志会记录“什么时候”“在哪里”“谁”“做了什么”等信息。所以，在发生故障的时候，**日志对于故障原因的调查能够发挥积极作用。**

日志的用途不仅限于问题发生后的调查。与正常状态相比，如果遇到日志数量突然增加，记录了平时不会记录的内容的情况，这可能是将要发生异常的前兆。

此外，有人是会查看日志的。这会让那些想要采取不当行为的人有所顾忌，从而对其不当行为产生抑制作用。日志不仅会令来自组织外部的攻击者，还会令组织内部的想要采取犯罪行为的人员望而却步（图 3–3）。最后，人们要想将日志变为检测前兆、抑制不当行为的利器，就必须构建一个实时检查、分析日志的系统。

输出计算机当前的状态

在程序处理时将内存状态等直接输出的文件被称为“**转储文件**”。计算机在发生程序异常终止时会发出转储文件，开发人员为了确认处理状况时也会发出转储文件。在进行数据分析时，人们也使用转储文件用于输出数据库的内容（图 3–4）。

在取得备份、迁移系统时，人们会将以往使用的数据库的内容原封不动地作为转储文件进行输出，然后还原到新数据库中。虽说也存在以 CSV 格式输出的方法，但是使用转储文件传输可以更为顺利地迁移系统。

抑制不当行为	检测前兆	事后调查
●由于顾忌有人会查看日志，想要采取不当行为的组织内部人员会感到犹豫。日志可以起到抑制内部犯罪的作用	●人们通过确认正常状态的日志，可以发现异常状态的前兆	●人们根据对日志的分析，可以采取正确、迅速的应对、恢复措施

图 3-3　日志的作用

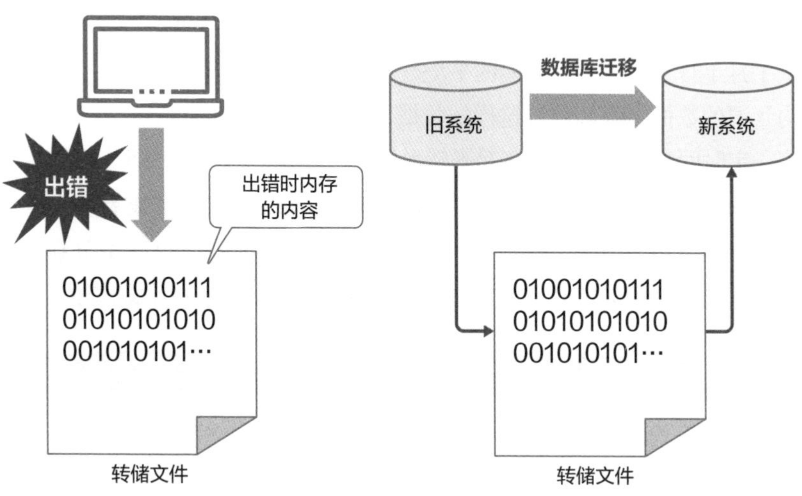

图 3-4　转储文件的作用

要点

✎ 在日志中记录着操作时间、通信内容的时间序列数据，所以日志可以用于抑制不当行为、检测前兆、事后调查等。

✎ 使用转储文件，人们除了可以查看程序的处理状态，还可以顺利完成数据库迁移。

3-3 捕捉长期变化

移动平均法、移动平均线、加权移动平均法

随时间推移做平均计算

在着眼于捕捉时间序列数据的“变化”时，人们会使用折线图，但是折线图只能展示过去的变化。如果每隔一段时间相同的情况就会重复发生，那么我们可以从周期的角度预测未来。当然，有时事情的变化并不具有周期。

在没有周期的情况下，人们也会根据过去的数据对未来做出预测。**移动平均法**就是一种根据过去的数据来调查趋势的方法。顾名思义，移动平均法就是随着时间推移而计算平均值的方法。

在此，我们可以尝试计算一下每天之前一周的平均气温。我们会得到从1月1日至1月7日一周的平均气温、从1月2日至1月8日一周的平均气温的数据。我们通过这样的数据，可以调查平均值的趋势。人们用线将一定时间内的平均值连接起来就形成了**移动平均线**（图3–5）。

在显示股市行情时，人们会绘制25日均线、75日均线等多个区间的移动平均线。如图3–6所示，从多个区间来看，我们可以了解到长时间的移动平均线的波动比较平缓。**人们可以通过移动平均线把握趋势。**

聚焦临近的数据做平均计算

移动平均法使用的是历史数据，由于数据是过去的，人们或许会认为这样的方法没有用。随着时间的推移，数据的价值可能会消失。所以，人们还是想要参考最近的数据。

于是，人们开始思考如何立足于最近的数据来把握未来趋势。**加权移动平均法**就诞生了。加权移动平均法是一种主要使用最近的数据的同时，稍微加入以往数据的方法。比如，在制作3天的移动平均线时，人们将前一天的数据乘3，再前一天的数据乘2，最早一天的数据乘1，将得到的和除以6（=3+2+1）。这样就可以绘制出接近于真实的图形。

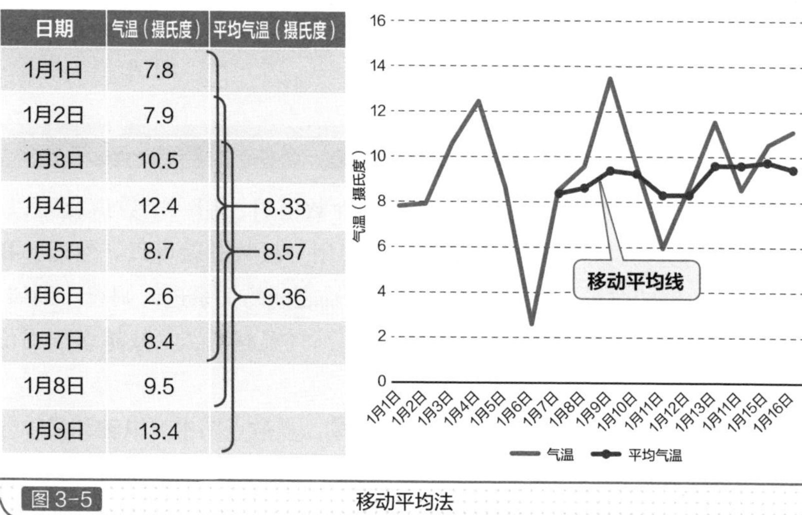

日期	气温（摄氏度）	平均气温（摄氏度）
1月1日	7.8	
1月2日	7.9	
1月3日	10.5	
1月4日	12.4	8.33
1月5日	8.7	8.57
1月6日	2.6	9.36
1月7日	8.4	
1月8日	9.5	
1月9日	13.4	

图3-5 移动平均法

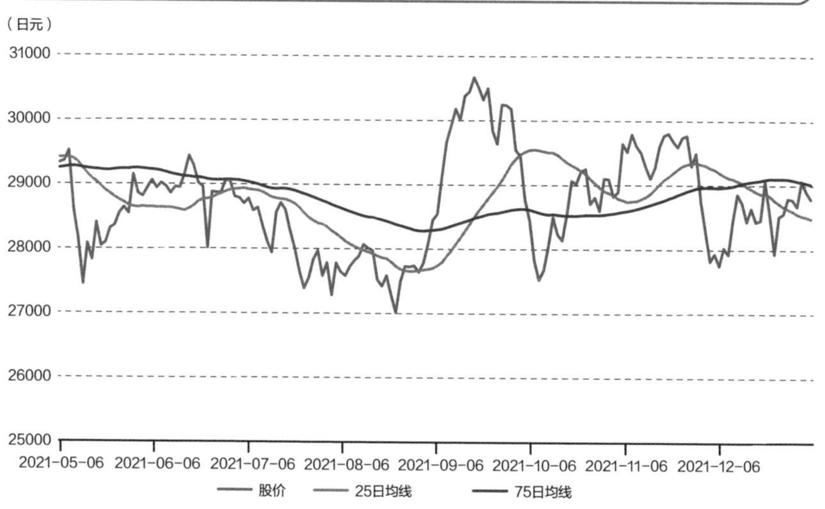

图3-6 区间不同的移动平均线

要点

- 人们通过使用移动平均法，可以根据过去的变化把握整体趋势。
- 移动平均法所显示的只是过去的变化而已，人们使用立足于最近变化的加权移动平均法，可以把握接近于真实的趋势。

3-4 掌握两个数轴之间的关系

散点图、协方差、相关系数

描绘多个数轴之间的关系

人们在表示平均值、中位数等代表性数值时，用一个数值就可以，在表示平均身高、年平均收入的时候，使用一根数轴就可以。然而，我们在使用数据的时候，经常需要对多个数轴之间的关系进行调查。例如，我们会关注个子高的人体重较重、海拔越高气温越低、页数越多的书价格越贵之类的关联性。

在这些情况下，人们经常会使用散点图。在散点图中，纵轴和横轴分别表示数量和大小。人们会在图中画出相应的各个点（图 3–7）。人们通过观察散点图，**可以了解在多个数轴之间数据的分布，进而把握趋势。**

对在多个数轴上的离散程度进行数值化

虽然人们通过观察散点图可以把握趋势，但是对于趋势的解释却因人而异。于是，为应对这个问题，人们会如同计算代表性数值那样，进行数值化。在章节 2–7 中我曾讲过用于表示离散程度的“方差”，我们可以在两个数轴上通过分别计算各种数据数值与平均值之差来观察数据的离散程度。协方差**是一种用来表示两组数据的离散程度的数值。**与方差一样，越是远离平均值，其数值就越大。

例如，如图 3–8 所示，我们在计算数据数值与平均值之差以后，取乘积之和的平均数便得到协方差。协方差与方差一样，一个单独的数值没有任何意义，只有通过与其他数值做比较，进行离散程度对比时才有意义。

对协方差进行标准化

人们可以通过协方差对多组数据的离散程度做比较。但是，如果所用的单位不同，协方差的数值也会大为不同。为了应对这个问题，人们就采取了我曾在章节 2–8 中介绍过的标准化方式。方差的标准化处理是通过计算每个数据的数值与平均值的差，再用这个差除以标准偏差来实现的，而协方差的标准化处理是用协方差分别除以每个数轴的标准偏差来实现的，得到的结果被称为“相关系数”。

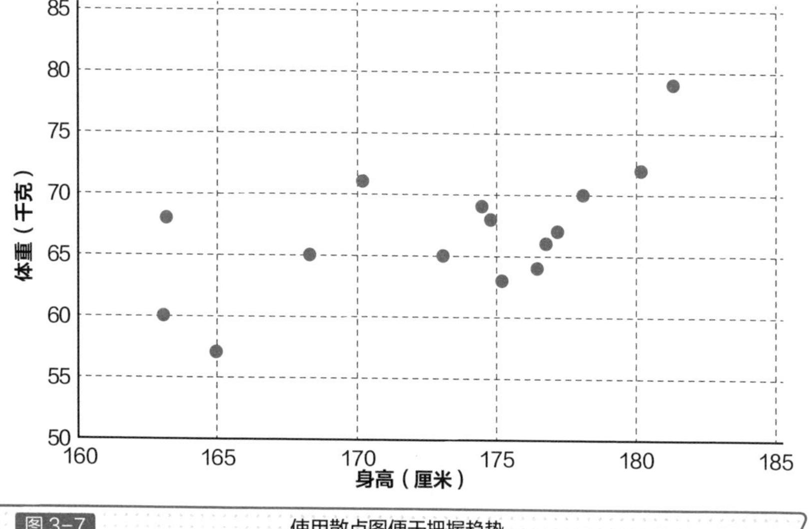

图 3-7 使用散点图便于把握趋势

学科	A	B	C	D	平均值
英语	80	60	90	70	75
数学	50	70	40	80	60

计算方差、标准偏差

学科	方差	标准偏差
英语	125	11.18
数学	250	15.81

计算与平均值之差

学科（与平均值之差）	A	B	C	D
英语	5	−15	15	−5
数学	−10	10	−20	20

将相乘之积相加后再取平均值

$$\frac{5\times(-10)+(-15)\times10+15\times(-20)+(-5)\times20}{4}=-150$$

协方差

$$\frac{-150}{11.18\cdots\times15.81\cdots}\approx-0.848$$

相关系数

图 3-8 能够对趋势进行数值化的协方差

要点

- 人们使用散点图，可以把握在多个数轴上数据的分布。
- 人们利用协方差、相关系数，可以以数值形式把握绘制于散点图上的数据的分布。

3-5 不被表面的关系所欺骗

相关关系、因果关系、伪相关

用相关系数来把握分布

相关系数的取值范围为 -1 至 1。在取值接近 1 的时候，数据呈从左下方向右上方分布，在取值接近 -1 的时候，数据呈从右上方向左下方分布（图 3-9）。相关系数接近 1 的时候，代表“存在正关联”；相关系数接近 -1 的时候，代表“存在负关联”；相关系数为 0 的时候，代表“无关联”。如果存在正关联，伴随一方的增加，另一方也会增加。人们称这种看似存在关联的关系为“相关关系”。

不为原因和结果之间的关系所欺骗

人们可以通过使用散点图、相关系数来把握多个数轴之间的关系。人们也会遇到看似有关联，实际上背后隐藏着其他原因的情况。

我们绘制了显示日本全国各个都道府县的小学数量与小学生人数的散点图（图 3-10），相关系数为约 0.95。看似二者之间存在正关联，但是此时我们可以质疑：如果增加了小学数量，小学生人数就会增加吗?

实际上，伴随出生人数增加、小学生人数增加，小学的数量增加了，伴随社会少子化潮流的形成，人口减少，小学的数量减少了。**这种构成原因与结果的关系被称为**“因果关系”。

不为其他原因所欺骗

有些看似存在关联的两个事项之间，实际上存在比因果关系更为复杂的背景。比如，我们根据小学的数量与中学的数量绘制了散点图，两者之间看似存在正关联。然而，并不存在增加了小学的数量，中学数量就会增加的因果关系。

实际上，一切都是以儿童的数量为基础的。儿童的数量增加了，小学的数量、中学的数量都会增加。像这样的，**虽然不存在关联，但是出于其他的理由而看似有关联的两个事项之间的关系被称为**“伪相关”。

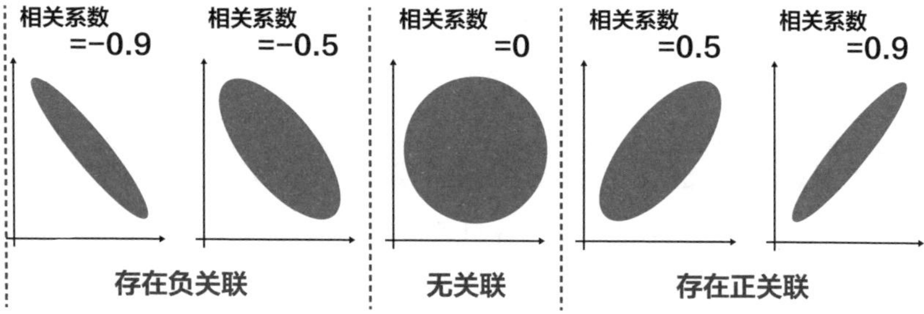

图 3-9 基于不同相关关系的分布差异

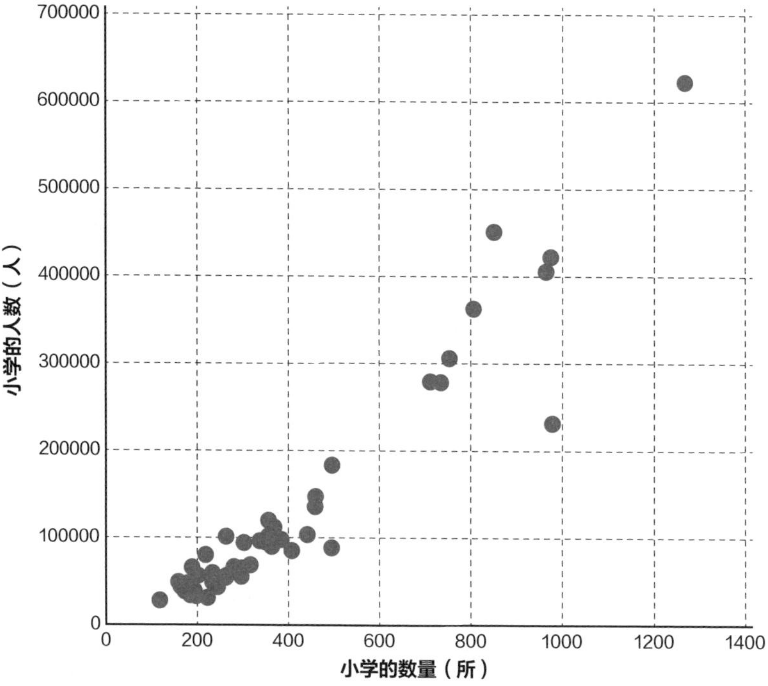

小学的人数（人）
小学的数量（所）

图 3-10 日本全国各个都道府县小学数量与小学生人数的关系

要点

- 人们使用相关系数，可以通过数据的分布把握相关关系。
- 看似有相关关系的时候，如果不对背后的数据的含义加以思考，有可能会被因果关系、伪相关所欺骗。

3-6 立足于多个数轴进行汇总

交叉汇总、联合分析、直交表

立足于不同的数轴进行汇总

人们使用 Excel 的表计算软件对数据进行统计的时候，经常会使用数据透视表功能。在面对被分为多个项目的数据时，人们使用数据透视表可以对各个项目的数量、总和做出统计。

假设我们举办了一次关于血型的问卷调查，得到了如图 3–11 左图所示的回答。我们在左图表格的基础上创建数据透视表，纵向排列性别，横向排列各种血型对数据进行统计，就形成了图 3–11 右图所示的表格。这样通过纵向和横向的不同角度进行汇总的方法被称为“交叉汇总”。人们通过使用交叉汇总的方法，**可以了解不同数轴之间的关系。**

缩小选项的范围

人们在举办问卷调查时，如果设置了过多的问题、选项，受访者就会感到回答起来很麻烦。人们购买个人电脑、智能手机的时候，如果可选的机型太多，就会难以做出选择。

此时，我们必须缩小选项的范围。假设在购买笔记本电脑时，我们有图 3–12 上图所示的选项。我们简单地计算一下，就会知道我们有 $3 \times 3 \times 3 \times 3 = 81$ 种选择的可能性。自不必说，我们实际在店里将 81 款电脑一一拿在手上做对比是一件非常麻烦的事。

然而，如果我们得到的是如图 3–12 下图所示的 9 种选项，或许还是可以做出评价的。我们针对这 9 种选项，围绕接近自己期待的款式进行取舍的过程中，自己的需求也会变得越来越清晰。人们举办问卷调查的时候，也经常会采用这样的方法。

这种方法被称为“联合分析”，图 3–12 下图所示的那样的表格被称为“直交表”。图中的直交表是 L9 直交表，最多可配置 3 个因子，提供 4 个自由度。还有 L8 直交表，它最多可配置 2 个因子，提供 7 个自由度。

A1 | fx 编号

	A	B	C	D
1	编号	性别	血型	
2	1	男性	A型	
3	2	男性	A型	
4	3	男性	B型	
5	4	女性	B型	
6	5	男性	AB型	
7	6	女性	A型	
8	7	女性	O型	
9	8	男性	B型	
10	9	男性	O型	
11	10	女性	A型	
12	11	女性	AB型	
13	12	女性	A型	
14	13	男性	B型	
15	14	女性	O型	
16	15	男性	A型	
17				

创建数据透视表

	A	B	C	D	E	F	G	H
1								
2		个数/性别	列标签					
3		行标签	AB型	A型	B型	O型	总计	
4		男性	1	3	3	1	8	
5		女性	1	3	1	2	7	
6		总计	2	6	4	3	15	
7								

图 3-11 能够对不同数轴进行汇总的数据透视表

选项

中央处理器	内存	固态硬盘	重量
Intel	8吉字节	小于500吉字节	小于1千克
AMD	16吉字节	大于500吉字节小于1太字节	大于1千克小于1.5千克
其他	32吉字节	大于1太字节	大于1.5千克

直交表

编号	中央处理器	内存	固态硬盘	重量
1	Intel	8吉字节	小于500吉字节	小于1千克
2	Intel	16吉字节	大于500吉字节小于1太字节	大于1千克小于1.5千克
3	Intel	32吉字节	大于1太字节	大于1.5千克
4	AMD	8吉字节	大于500吉字节小于1太字节	大于1.5千克
5	AMD	16吉字节	大于1太字节	小于1千克
6	AMD	32吉字节	小于500吉字节	大于1千克小于1.5千克
7	其他	8吉字节	大于1太字节	大于1千克小于1.5千克
8	其他	16吉字节	小于500吉字节	大于1.5千克
9	其他	32吉字节	大于500吉字节小于1太字节	小于1千克

图 3-12 直交表的效果

要点

- 人们使用交叉汇总方法，可以把握不同数轴之间的关系。
- 人们使用直交表的时候可以压缩选项，将这种方法用于问卷调查中可以通过少量的选项了解受访者内心的期待。

3-7 通过减少数轴的数量来把握特征

维度、主成分分析

对数轴的数量加以思考

假设我们举办问卷调查时想要寻找做出相近回答的人，在学校的学生中寻找成绩相近的学生。此时，我们只设置 1 个问题，1 个科目，就可以根据数值简单地进行比较。

然而，在现实生活中，我们常常需要设置多个问题、多个科目。像这样，**设置多个项目对类似的事物、相距甚远的事物做比较是一件困难的事情。**这种项目的数量被称为“**维度**”（图 3–13）。

人们要想把握多维度的数据，就需要削减维度。例如，在对学生成绩进行调查时，如果设置的科目为 5 科，那么维度就是 5，可以减少为文科与理科 2 个维度，或者减少为总分这 1 个维度。

在保留大量数据的同时削减维度

主成分分析是一种在削减维度的时候，能够实现原有信息损失最小化的方法。人们进行主成分分析的时候，为了实现原有信息损失最小化，会在方差最大的方向上展开分析。

首先，人们会计算所有数据的平均值，求出重心所在位置。然后，根据平均值，求出方差最大的方向（第 1 主成分：PC1）。接下来，在与第 1 主成分垂直相交的方向上，求出方差最大的方向（第 2 主成分：PC2）。此时，人们无法指定数轴。**针对计算出来的数轴，需要分析人员对其含义进行思考。**

例如，图 3–14 所示的是对 2021 年日本职业棒球中央联盟的击球成绩进行主成分分析所得到的结果。人们使用两个数轴将打率、安打数、本垒打数、打点、三振、盗垒数据展示给了我们。请各位思考一下图中数轴具有怎样的含义吧。

学业成绩分数表

学生	语文	数学	英语	理科	社会
A	72	68	70	79	81
B	65	51	66	72	83
C	59	53	63	74	59
D	88	71	69	58	73
E	68	55	72	61	80
…	…	…	…	…	…

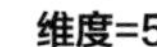

图 3-13　维度=项目的数量

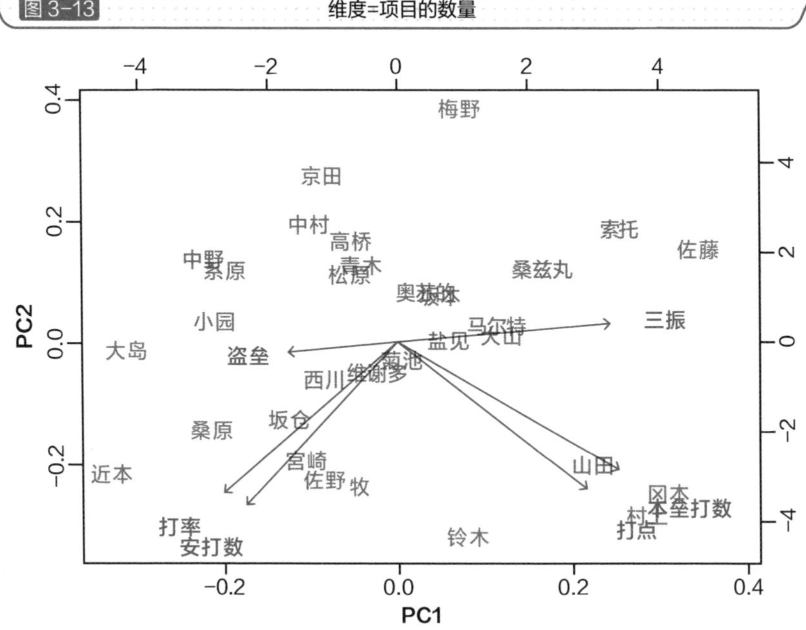

图 3-14　能够实现原有信息损失最小化的主成分分析

要点

- 人们通过削减维度，可以将数据显示在坐标平面上，便于进行视觉上的理解。
- 实施主成分分析的时候需要削减维度，分析人员需要对其含义进行思考。

计算最短距离

针对展示在平面中的数据，人们可以通过计算求出各个点之间的距离。此时，人们首先想到的就是**求出各点之间最短距离的方法。**

人们将利用勾股定理计算的点与点之间的距离称为“欧几里得距离”。即使是如图 3–15 所示的斜线，人们也可以根据其在 x 轴、y 轴上的长度，计算出连接两点的线段的长度。人们在求距离的数值时，需要进行开方计算。如果目的只是要比较长度的大小，使用开方前的数据就可以。

欧几里得距离的计算方法，无论是在二维环境、三维环境还是四维环境中，都是一样的。

计算格子状路径距离

计算欧几里得距离的时候，需要进行平方计算。计算“曼哈顿距离”（L1- 距离）的时候，仅仅做减法就能求出结果。

走在道路上遇到不能向前直线移动的情况时，人们会考虑采用沿道路附近的路径前进的方法。如图 3–16 所示，街道如同网状结构的围棋盘，人们可以利用的路径多种多样，但是每条路径的距离都是相等的。

曼哈顿距离除了适合用于地图中的路径、围棋、象棋那样的具有网格的数据，还适合用于图像。在使用计算机处理图像时，人们通过红、绿、蓝三色的组合能够得到各种各样的颜色，所以这三色被称为“颜色的三原色”“光的三原色”。

人们思考两种颜色的距离时，会计算它们的中间色。比如，白色与黑色的中间色是灰色。采用曼哈顿距离计算方法，以红色、绿色、蓝色为数轴进行思考，就可以计算出各种颜色之间的距离。

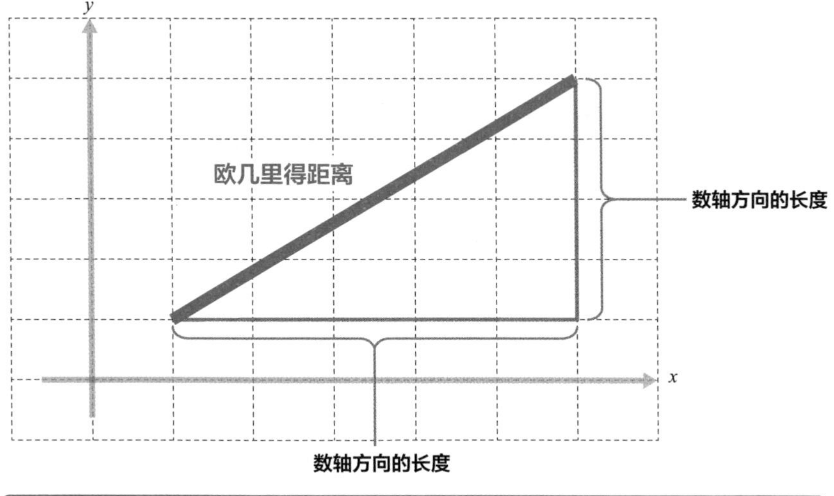

图 3-15 计算最短距离的欧几里得距离

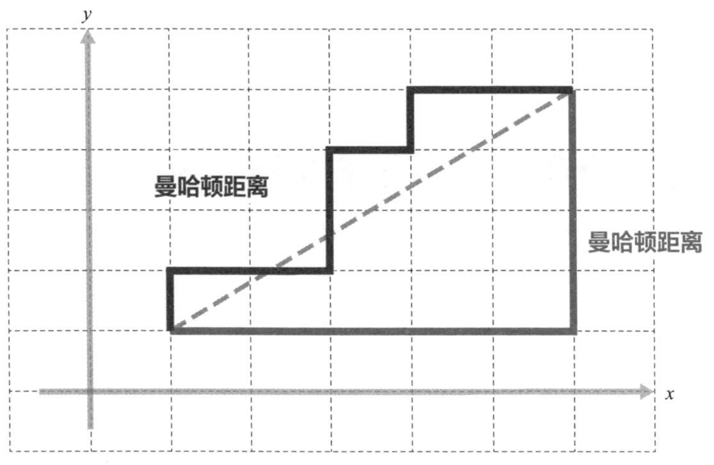

图 3-16 计算路径长度的曼哈顿距离

要点

- 欧几里得距离是根据勾股定理计算出的两点间最短距离。
- 曼哈顿距离是指格子状的路径的长度。

3-9 调查相似的角度

余弦相似度、Word2Vec

通过角度做相似判断

人们进行主成分分析时，通过方差找出相似（距离近）的数据。人们运用欧几里得距离、曼哈顿距离的概念时，通过距离来判断两点是否很近。

然而，除了用距离，人们还可以用角度来判断数据是否相似。如图3-17所示，图中有A、B、C、D四个点，从距离来看，因为距离较近，A与B可以归为一组，C与D可以归为一组。然而，如果从相对于原点的角度来看，因为角度相近，A与C可以归为一组，B与D可以归为一组。余弦相似度是人们用向量表示各点时，**根据相对于原点的角度判断是否相似的一个指标。**

人们常常将余弦相似度用于对文章的对比。人们将文章中的单词出现频率作为向量来调查文章之间的相似度。如果给出图3-18所示的单词出现频率的标准化数值，人们就可以计算文章之间的相似度。

对单词的含义进行数值化

人们在思考数据之间的距离、角度的时候，所有的数据必须是数值形式的。在处理英语、日语文章时，人们除了对单词的出现频率进行汇总，还会采取**将单词的“含义”转换为数值的方法**。

其中，Word2Vec就是人们常用的一种方法，使用这种方法可以用数百维度的向量来表示各个单词。人们用向量来表示单词的“含义”，不仅可以对相似单词做出判断，还可以对单词做加法和减法。

例如，“王－男性＋女性＝女王”是一个有名的算式。人们使用Word2Vec就可以用向量来表示“王”“女王”“男性”“女性”等单词。

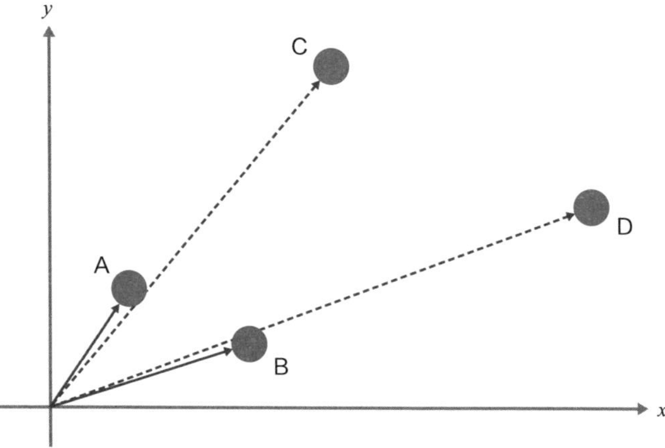

图 3-17 能够通过角度判断相似的余弦相似度

单词	文章A	文章B	文章C
新闻	0.28	0.31	0.77
电车	0.14	0.00	0.32
动物	0.00	0.81	0.19
事实	0.00	0.16	0.00
法律	0.03	0.27	0.00
金属	0.66	0.00	0.55
场所	0.12	0.34	0.00

文章A与文章B的相似度
=0.28×0.31+0.14×0.00+
0.00×0.81+0.00×0.16+0.03×0.27+
0.66×0.00+0.12×0.34
=0.1357

文章A与文章C的相似度
=0.28×0.77+0.14×0.32+
0.00×0.19+0.00×0.00+0.03×0.00+
0.66×0.55+0.12×0.00
=0.6234

文章B与文章C的相似度
=0.31×0.77+0.00×0.32+
0.81×0.19+0.16×0.00+0.27×0.00+
0.00×0.55+0.34×0.00
=0.3926

文章A与文章C
最为相似

图 3-18 文章的相似度

要点

- 人们可以通过使用余弦相似度，从数据之间的角度出发判断数据是否相似。
- 人们使用 Word2Vec 处理文章的时候，可以用向量来表示单词的含义。

数据分析不只有帅气的一面

预处理、数据准备、数据清洗、数据分析识别

事先对数据进行整理

在分析数据时，如果数据已经过整理，那么只需运行程序进行分析处理即可。如果事先未对数据进行加工，无法进行分析处理的情况是不少见的。

例如，我们可以想到诸如有数据存在异常值或缺失值，数据单位不统一，数据是使用字符输入的，字符代码不统一等问题（图 3–19）。

此时，我们需要将数据转换为易于分析的数据，这被称为“预处理”。如果存在异常值，就予以剔除；如果存在缺失值，就使用其他数据进行填充；如果单位不统一，就将其统一；如果是字符等定性变量，就转换为数值；如果字符代码不统一，就进行转换。这样的处理工作具有为数据分析做准备的意义，被称为“数据准备”。

对数据进行净化

在数据准备中，人们会将由重复、破损、输入错误等原因造成的**不正确的数据修改、整合为正确的数据**，这被称为“数据清洗”。

数据分析识别可以说是我们身边的数据清洗的一个例子。在企业等组织中，各个部门都在收集顾客信息，有时甚至会造成同一顾客的信息分散保存在不同部门的情况。在发生企业合并之后，人们需要对原有企业的数据库进行整合处理（图 3–20）。

此时，人们想要对同一顾客的信息进行统一管理的时候，可能会遇到数据保存格式、更新频率各异的问题。有些数据甚至是很久以前人们按照姓与名分开的格式进行收集的，之后从未做过更新。面对各种数据，人们需要以顾客的姓名、电话号码为线索对顾客的信息进行整合。

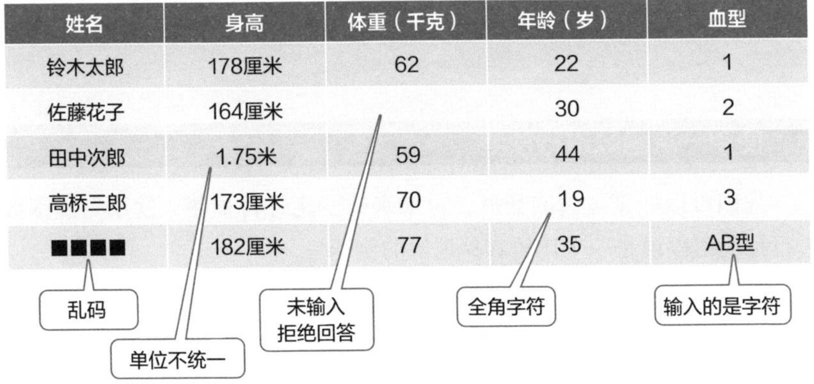

姓名	身高	体重（千克）	年龄（岁）	血型
铃木太郎	178厘米	62	22	1
佐藤花子	164厘米		30	2
田中次郎	1.75米	59	44	1
高桥三郎	173厘米	70	１９	3
■■■■	182厘米	77	35	AB型

图 3-19　需要进行预处理的实例

A公司的顾客主数据库

姓	名	公司名	邮政编码	…
铃木	太郎	○○	105-0011	…
佐藤	花子	△△	112-8575	…
田中	次郎	□□	170-6041	…
高桥	三郎	□□	231-8588	…
…	…	…	…	…

问卷调查

姓名	公司名	电子邮箱	回答1	…
山田冬美	○○	fuyu@	4	…
田中次郎	△△	jiro@	2	…
加藤太郎	□□	taro@	1	…
前田花子	□□	hana@	3	…
…	…	…		…

B公司的顾客主数据库

名	姓	公司名	邮政编码	…
晴子	青木	□□	104-0061	…
太郎	铃木	○○	105-0011	…
夏子	渡边	□□	150-0002	…
花子	佐藤	△△	112-8575	…
…	…	…	…	…

图 3-20　具有整合顾客信息功能的数据识别分析

要点

- 我们在分析数据时，要先行确认数据是否已经过整理，如未经整理，就必须根据需要进行预处理。
- 在多个数据库中收录着同一顾客的信息时，人们会进行数据分析识别。

3-11 明确多个数轴之间的关系

回归分析、最小二乘法

使用一次函数进行预测

我们可以根据过去的数据，对未来的变化进行预测。使用一次函数进行预测可以说是一个比较容易理解的例子。

比如，我们开会时，会进行录音，然后从语音中提取文字制作备忘录。假设从 5 分钟的语音中提取文字需要耗时 15 分钟，我们可以用 $y=3x$ 这个一次函数式来表示这种关系。那么，如果是时长为 60 分钟的会议，那就是 $3\times60=180$ 分钟，我们就可以做出需要花费 3 小时左右的时间的预测（图 3–21）。

反过来，我们也可以从 y 值进行反推，如果有 5 小时（=300 分钟）的时间，我们解开方程式 $300=3x$，就可以预测，我们可以用 5 小时来提取会议时长 100 分钟的文字。

用直线预测散点图的趋势

在商业领域，人们会根据数个数据绘制散点图，然后根据分布思考数据的变化趋势。散点图中的点呈接近直线的分布时，人们会在尽量接近这些点的位置画出直线，用以表示两个变量之间的关系（图 3–22）。这条直线被称为“回归直线”，回归直线的斜率被称为“回归系数”，回归直线的方程式被称为“回归直线方程式”。这种在散点图加入直线来预测变量之间关系的方法被称为“**回归分析**”。

人们采用回归分析的方法，在给出新的数据（x 轴坐标）时，就可以对对应的数值（y 轴坐标）进行预测。也就是说，回归分析可以用来**根据过去的数据预测未来的数据。**

通过最小化误差求得回归直线

人们在寻找回归直线时会使用“**最小二乘法**”。这是一种通过最小化各点坐标与直线坐标之间误差的平方和来寻找回归直线的系数的方法。

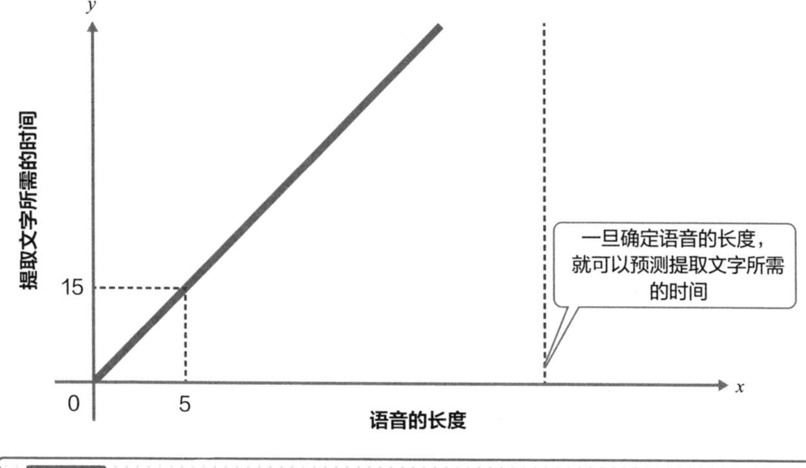

图 3-21 使用一次函数进行预测

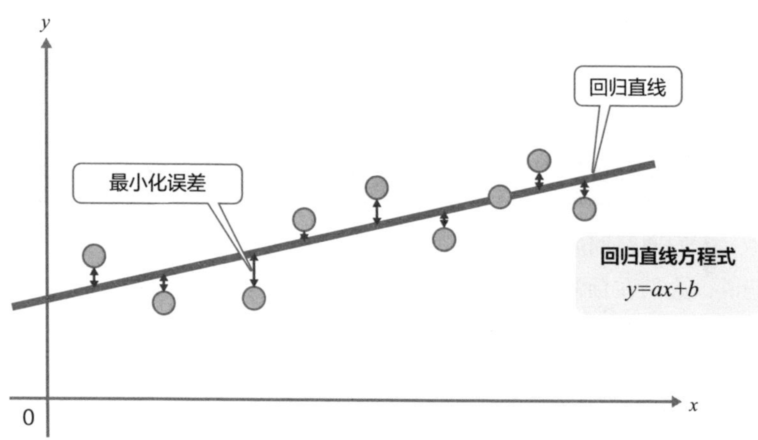

图 3-22 使用散点图的回归分析

要点

- 散点图的点呈接近直线的分布时，可以用来预测其变量之间的关系。
- 人们在确定回归直线时，使用将数据与直线的误差最小化的最小二乘法。

3-12 了解高级回归分析

多重回归分析、逻辑回归分析

通过多个数轴进行回归分析

在前一节所介绍的回归分析中，变量只有 x 一个。这种回归分析被称为“简单回归分析”。在“通过气温变化预测销售额”“通过房屋的面积预测房租”等变量只有一个的预测中，可使用简单回归分析。然而，在我们身边，需要通过多个变量进行预测的情况非常多。比如，“通过气温、降水概率预测销售额”“通过到车站的距离、面积、建筑年数确定租赁房屋的租金”等就属于这样的情况（图 3-23）。

针对多个变量进行的回归分析被称为“多重回归分析”。如果存在两个变量，人们就会考虑绘制三维散点图，准备一个平面，并确定与平面之间的距离最小化的方程式。例如，我们可以列出下面的一次方程式，一旦确定系数，就可以进行预测。

$$房租=a\times 距离+b\times 面积+c\times 建筑年数+d$$

针对定性变量进行预测

人们通过回归分析、多重回归分析可以对定量变量进行预测。也就是说，人们在预测销售额、房租的时候，会得到相应的数值。人们通过回归分析、多重回归分析预测时，无法锁定结果的范围。然而，人们也存在对定性变量进行预测的需要。例如，人们会遇到“对考试是否合格进行预测”“对商品能否卖出去进行预测”的情况。此时，人们会对在两种结果中哪种结果会出现进行预测。

此时，人们不会直接对结果进行预测，而是**预测情况在 0 到 1 之间的数值，通过将数值与 0.5 比较大小来做出判断**。假如人们要预测考试是否合格的时候，就在拿到分数后，绘制图 3-24 那样的 S 形曲线，如果数值大于 0.5 就是合格，小于 0.5 就是不合格。这种判断方法被称为“逻辑回归分析”。

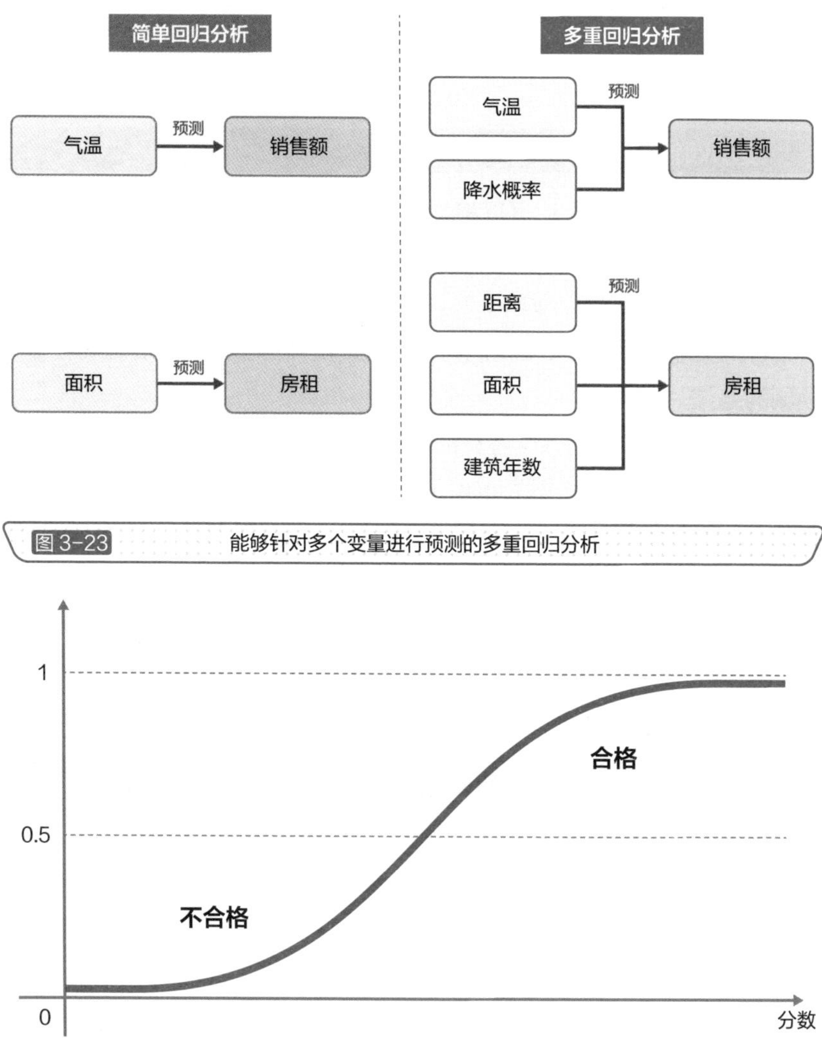

图 3-23 能够针对多个变量进行预测的多重回归分析

图 3-24 能够预测定性变量的逻辑回归分析

要点

- 人们将多重回归分析用于定量变量的预测时，可以通过多个变量对特定变量进行预测。
- 人们将逻辑回归分析用于定性变量的预测。

3-13 对分类进行预测

判别分析、马哈拉诺比斯距离

预测如何分组

在回归分析中，人们可以根据散点图中描绘的点预测定量变量的数值。另外，在逻辑回归分析中，人们可以通过计算 0 到 1 的范围的数值预测定性变量的数值。与此不同，判别分析不是一种预测数值的方法，而是**针对分析对象应该归属两种组中的哪一组的划分标准进行解析、预测的方法**。

假设有一所学校的入学考试的科目为语文和数学两科。如图 3–25 所示，两科的分数用散点图表示出来后，每个学生合格与否就很清楚了。在这里，加入新学生的语文和数学的分数后，就可以对该学生能否合格进行预测了。

此时，如图 3–25 所示，人们在图中画一条直线，将数据划分为了两个部分。当然，有时人们不画直线，而是画曲线，那样做的话，由于维度增加，需要通过平面等进行划分。

根据分布查看距离

在前面，我为各位介绍了通过直线、曲线进行划分的方法。除此之外，**人们还会使用基于与其他数据的距离的划分方法**。其中马哈拉诺比斯距离就是一种人们经常使用的方法。

在前面，我介绍了表示两点间距离的欧几里得距离、曼哈顿距离。马哈拉诺比斯距离是人们基于对数据相关关系的思考，计算出的与数据聚集之间的距离。在图 3–26 中，我们可以比较一下右上和左上的两个点哪一个更接近数据的分布。从与其他数据的中心的距离来看，右上的数据位置比较远，从数据聚集的角度来看，我们可以判断左上的数据在这些数据中属于异常数据。

如此，人们通过利用马哈拉诺比斯距离，针对通过直线难以划分的数据分布，也能进行划分的预测。

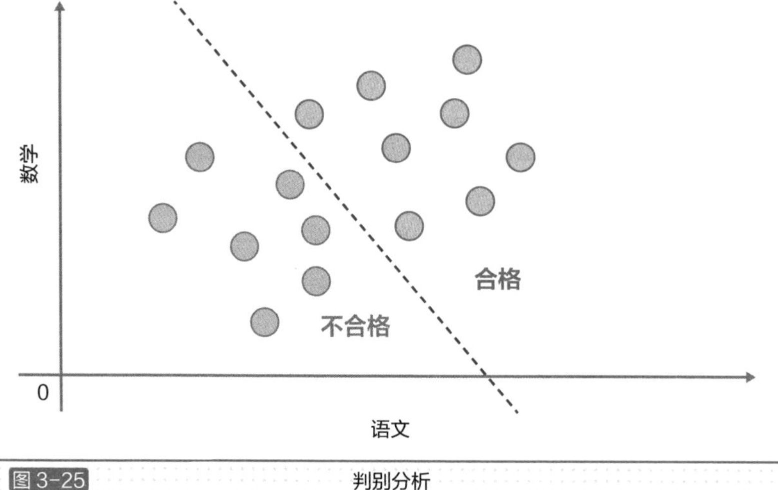

图 3-25 判别分析

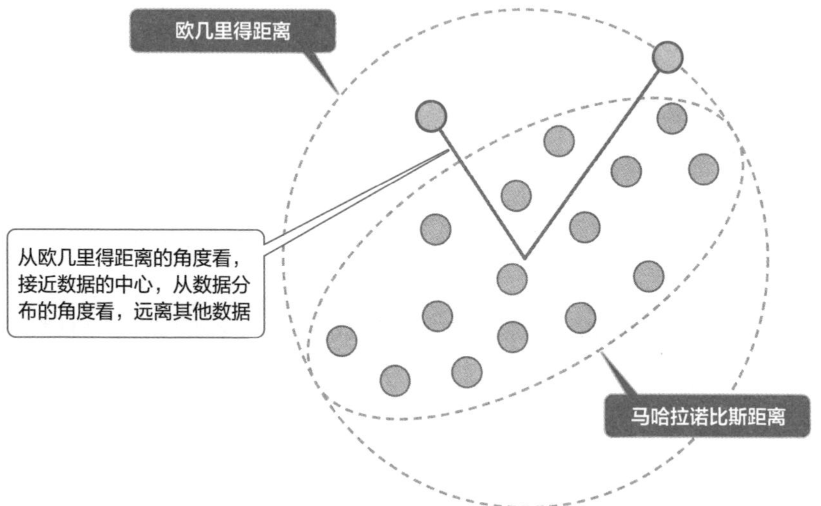

图 3-26 马哈拉诺比斯距离

要点

- 人们通过判别分析，可以对分析对象应被划分为哪一组进行预测。
- 马哈拉诺比斯距离立足于对数据分布的思考，所计算的是与数据中心的距离。

3-14 基于已掌握的知识进行数值推算

费米估算

做出粗略预测

在工作中，我们有时需要对事情做出粗略预测。假设我们考虑开发、销售电子黑板，将产品卖给日本全国的小学。这可以说是个大买卖。

虽然通过互联网，我们可以简单地查到关于日本小学数量的数据，但是我们运用自己现有的知识是可以将这样的数据推测出来的。此时，我们可以使用费米估算。**费米估算是通过将多个线索组合起来按照逻辑推算数值的方法**（图 3–27）。在日本，许多人即使不做任何调查也都了解“日本人口约 1 亿 2000 万人”“日本人的平均寿命是大约 80 岁”之类的线索。

此外，很多人基本知道“日本小学每班 30 至 40 人”。如果被问及“每所学校每个年级有几个班呢”，人们可能会回答不上来。日本各个都道府县的具体情况有所不同，根据少子化的发展情况，我们可以推定为大约 2 个班。

将各种线索组合在一起，我们就可以做出如图 3–28 所示的大约 2 万所的结果。实际上，日本文部科学省的调查结果也是 2 万所左右。

费米估算的要点

费米估算的要点在于不大幅偏离目标。根据费米估算推算的结果都是粗略的数值，精度并不是太高。然而，在不少的商业场合，我们无须提供多么严密的数值，即便提供的是粗略的数值，只要能达到说明的效果就足够了。

在上面的预测中，只要我们的预测结果在 1 万所和 3 万所之间，就可以避免重大失败的发生。如果我们预测的结果是 1000 所或者 10 万所，那就可能造成库存不足或者库存过多的问题。

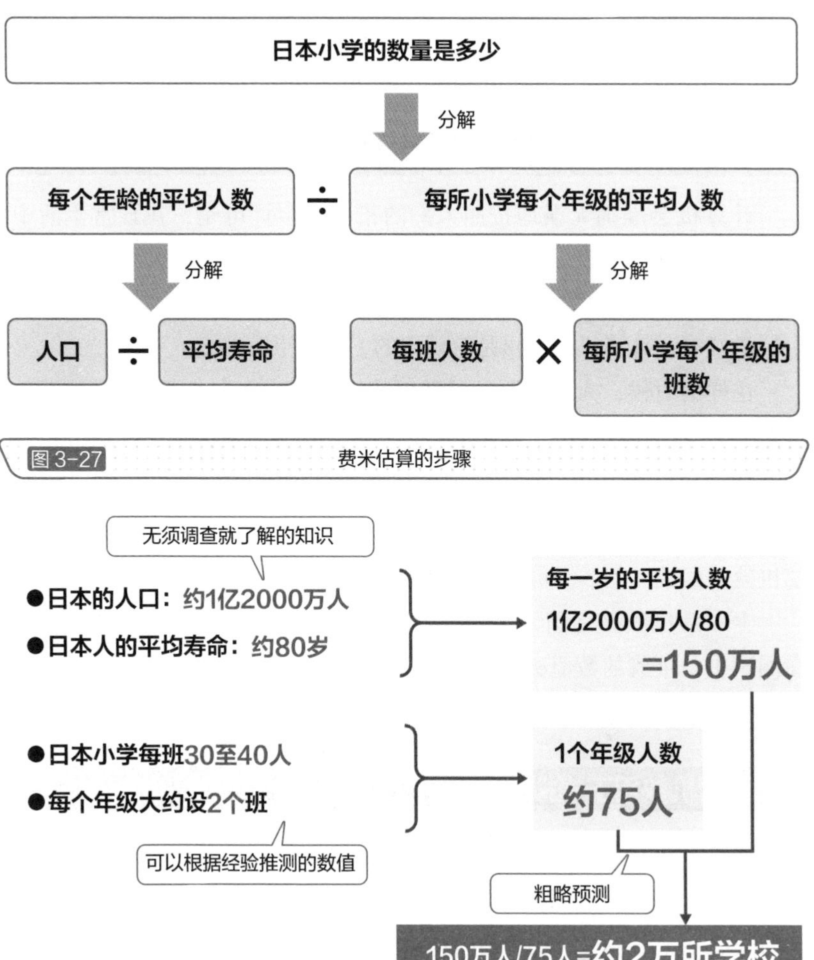

图3-27 费米估算的步骤

图3-28 费米估算的实例

要点

- 运用费米估算，人们可以结合自己现有的知识，做出精度一般的逻辑推测。
- 对于这样的推测结果，人们并不追求严密的数值，以做出符合逻辑的推测和说明作为目的。

3-15 实现对掷骰子结果的操控

随机数、伪随机数、随机种子、蒙特卡罗法

生成随机数值

计算机会准确无误地按照人们的指令行事。可是，在日常生活中，我们有时并不需要每次得到的结果都相同，而是想要各种各样的结果。比如，我们在制作每次都不希望出现相同结果的掷骰子、抽签、猜拳等对抗游戏时，计算机的输出是有规律的，这一点有些令人头疼。

这样的时候，人们需要的是随机数值，这被称为“**随机数**”。不过，**计算机只能进行规律性、再现性的处理，无法生成随机数。**于是，人们会使用通过特殊的计算模拟产生随机数的方法。以这样的方法生成的随机数据被称为“**伪随机数**”。在编程语言、表计算软件中就有生成伪随机数的函数（图 3–29）。

生成随机数据之前，人们需要对编程语言能否正常工作进行测试，在测试中，生成的数值必须一样。人们通过固定被称为“**随机种子**”的数值，就可以反复生成同样的随机数列。

将随机数用于模拟

随机数不仅被用于游戏中，还被用于模拟，这被称为“**蒙特卡罗法**”。作为采用蒙特卡罗法的实例，人们经常会提及求我们上小学时就学到的圆周率（ π=3.14…）的近似值的例子。

在图 3–30 所示的坐标平面上，在 $0 \leqslant x \leqslant 1, 0 \leqslant y \leqslant 1$ 的范围内选取随机的点，查看该点能否满足 $x^2+y^2 \leqslant 1$ 的条件。此时，正方形面积为 1×1，扇形部分的面积为 $1 \times 1 \times \pi \div 4$，所以，如果查看 400 个点，则有 314 个左右，查看 4000 个点，则有 3141 个左右能够满足条件。

我们如果通过运行程序，**不断增加查看的个数，还可以逐步提高精度。**

A1 fx =RAND() ← 生成伪随机数的函数

	A	B	C	D	E	F
1	0.76597395	0.00919912	0.14392864	0.08912123	0.34617361	
2	0.33594451	0.31534968	0.44707916	0.05952848	0.29401768	
3	0.28438885	0.35223232	0.26096186	0.64568031	0.99331592	
4	0.80100676	0.06026008	0.16898575	0.27108897	0.64242684	
5	0.00552041	0.37224585	0.05958976	0.94508464	0.72326574	
6						

图 3-29 Excel上的随机数

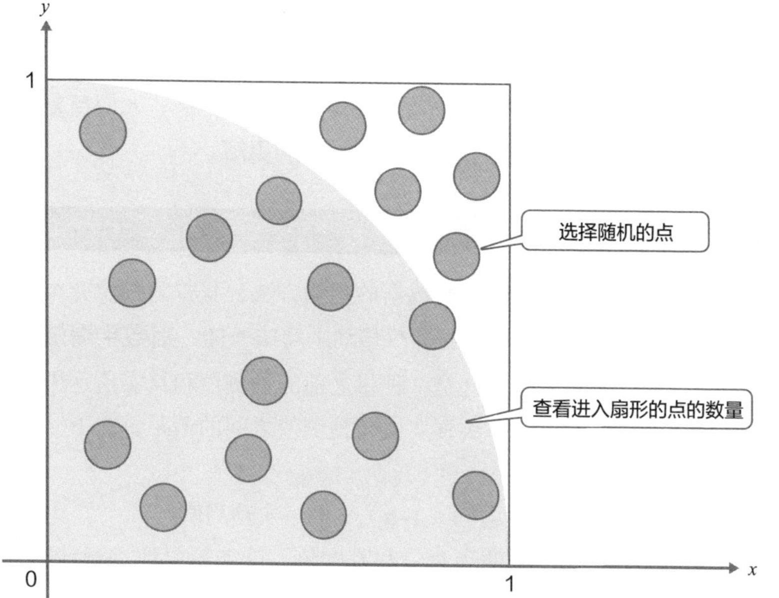

图 3-30 能够求圆周率近似值的蒙特卡罗法

要点

- 人们在计算机上通过使用伪随机数，可以产生随机的数值。
- 人们使用蒙特卡罗法，可以通过随机数的模拟方式求得近似值。

3-16 通过反复预测提高精度

集多个专家的知识于一身

由一位专家进行预测时，其精度可能不会太高。于是，**德尔菲法**就诞生了（图 3-31）。具体做法是，先以匿名方式向多个专家进行问卷调查，然后对汇总的调查结果进行分享，接着再向专家进行追加的问卷调查，此后人们会重复上述的过程。关于需要重复的次数，并没有规定。一般而言，在时间允许的范围内，这种重复会持续到人们在某种程度上得到统一的意见为止。**人们采用这种不是依靠某一个人，而是依靠集体智慧的做法，可以有效发现各种漏洞。**

人们以团队的形式开展工作时，也会使用这种方法。人们反复征求其他参与人员的意见，**有助于得到作为组织的见解。**

参考过去的预测值

在前面，作为针对时间序列数据的预测方法，我曾为各位介绍过移动平均法、加权移动平均法。与加权移动平均法一样，**指数平滑法**也是一种重视最近数据的方法。这是一种将之前的预测值和真实值运用于预测的方法。人们会参考上一次真实值与预测值之间的差距，在下一次的预测中进行修正。

预测值=α × 上一次真实值+（1-α）× 上一次预测值

人们只要了解上一次的预测值和真实值，就能简单地进行计算。α 被称为“平滑系数”，取值范围为 $0 < \alpha < 1$，用以表示对于过去数值的重视程度。α 接近 1 的时候，表示重视上一次的真实值，α 接近 0 的时候，表示重视上一次的预测值（即重视过去的过程）。我们采用加权移动平均法、指数平滑法对图 3-6 中的数据进行处理，绘制出了图 3-32。

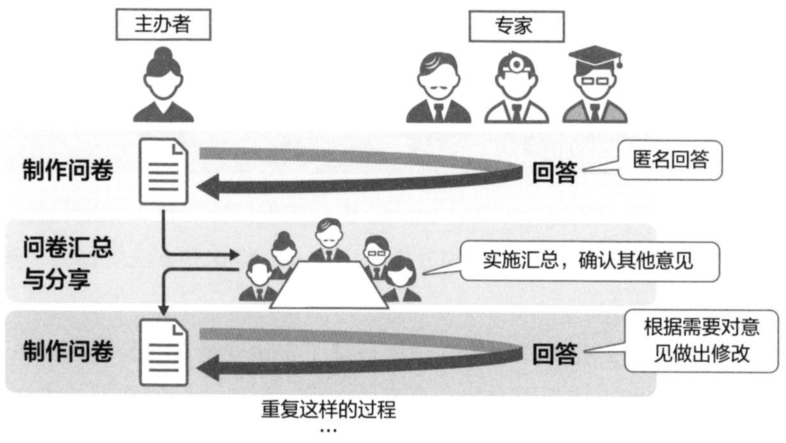

图 3-31 能够提高预测精度的德尔菲法

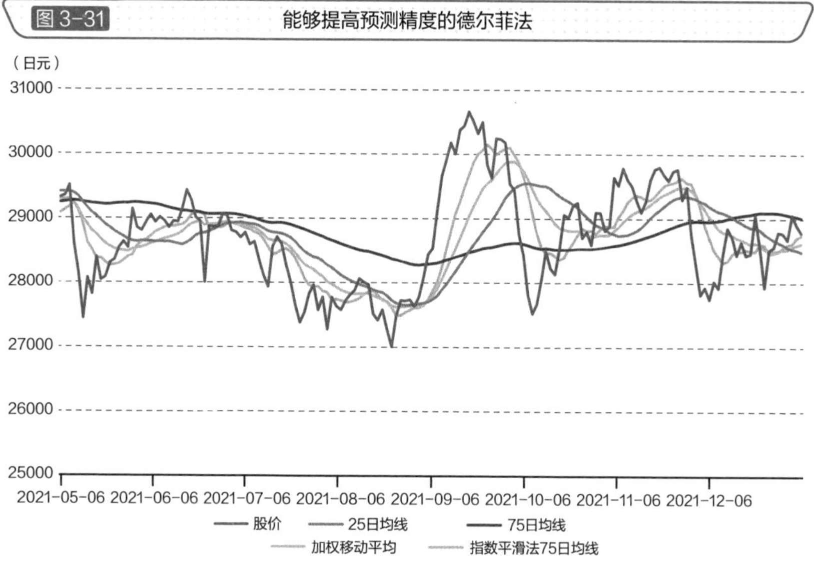

图 3-32 加权移动平均与指数平滑法（当α=0.2时）

要点

- 人们通过德尔菲法对多个专家实施问卷调查，经过反复的回答、汇总、修改过程，为整个组织得见解的形成提供帮助。
- 人们通过使用指数平滑法，可以做出是重视上次真实值，还是重视预测值的决定。

3-17 了解各种分析方法

多变量分析、数量化一类、数量化二类、数量化三类

通过多个数轴观察数据的关系

在本章中我为各位介绍的主成分分析、多重回归分析、判别分析等都是根据多种信息来阐明关系的分析方法。人们将这些方法统称为“多变量分析”。

到目前为止，我所介绍的方法都是基于定量变量进行分析的方法。换句话说，这些方法是用于分析身高、体重、温度等数值数据的方法。但是，我们身边也有需要根据性别和血型等定性变量进行分析的数据（表 3-1）。

定性变量的多变量分析

数量化一类是用定性变量预测定量变量的方法，**数量化二类**是用定性变量预测定性变量的方法。另外，还有如同主成分分析那样，削减维度的方法，**数量化三类**就属于这种方法。根据性别、血型、是否吸烟、有无运动习惯等数据，预测疾病易感性的方法属于数量化一类，预测是否罹患疾病的方法属于数量化二类。

人们可以采取简单的配置数字的数值化方法。然而，如图 3-33 所示的数字属于名义尺度的数字，在顺序上没有意义。人们只需更改血型的顺序，就可以改变结果。

于是，人们研究出了这样的方法。在区分性别的时候，人们用 0 表示男性、1 表示女性，在区分血型的时候，分别用 0 和 1 来表示 A 型、B 型、O 型、AB 型（图 3-34）。此时，随着各列的确定，被排除的列也就自然地确定了。比如，在区分血型时，如果某人既不是 A 型，也不是 B 型或 O 型，就会被确定为是 AB 型（未经调查、未知的情况除外）。

如此，在分析定性变量时，我们也可以采用先对其进行数值化处理，然后采用多重回归分析、判别分析等进行分析的做法。

表 3-1 对变量进行分析

变量		预测 目的变量 定量变量	预测 目的变量 定性变量	归纳
说明变量	定量变量	多重回归分析	逻辑回归分析 判别分析	主成分分析
说明变量	定性变量	数量化一类	数量化二类	数量化三类

编号	性别	血型
1	男性	A型
2	女性	B型
3	男性	AB型
4	女性	O型
5	男性	B型
6	女性	A型

→

编号	性别	血型
1	0	1
2	1	2
3	0	3
4	1	4
5	0	2
6	1	1

图 3-33 转换为数值数据（NG实例）

编号	性别	血型
1	男性	A型
2	女性	B型
3	男性	AB型
4	女性	O型
5	男性	B型
6	女性	A型

→

编号	性别	A型	B型	O型
1	0	1	0	0
2	1	0	1	0
3	0	0	0	0
4	1	0	0	1
5	0	0	1	0
6	1	1	0	0

图 3-34 转换为数值数据

要点

- 多变量分析是根据多个数据分析其关联性的方法。
- 采用数量化一类、数量化二类、数量化三类的时候，人们也可以运用多重回归分析、判别分析、主成分分析等方法对定性变量进行分析。

试一试　尝试一下统计问卷调查的结果吧

在第 3 章中，我不仅介绍了交叉汇总等基于多个数轴的汇总方法，还介绍了主成分分析等多种分析方法。使用这些方法，我们可以对通过问卷调查收集到的数据展开分析，并将分析结果通俗易懂地传递给人们。

还有一种在问卷调查中常用的方法——“对应分析”。这是一种在对问卷调查的回答进行交叉汇总的基础上，以平面表示项目之间关联的方法。

假设我们对某个问卷调查的结果进行了下面的汇总。

问卷调查汇总结果

单位：人

爱好	音乐	电影	电脑	运动
10~19岁	70	35	57	81
20~29岁	65	45	42	67
30~39岁	58	54	31	55
40~49岁	47	35	28	40
50~59岁	68	40	17	35

我们对数据进行对应分析后，绘制了右面的图形。如果年龄和爱好所处位置比较近，说明它们之间具有很高的关联性。

最后，请各位了解一下关于对应分析的知识吧。

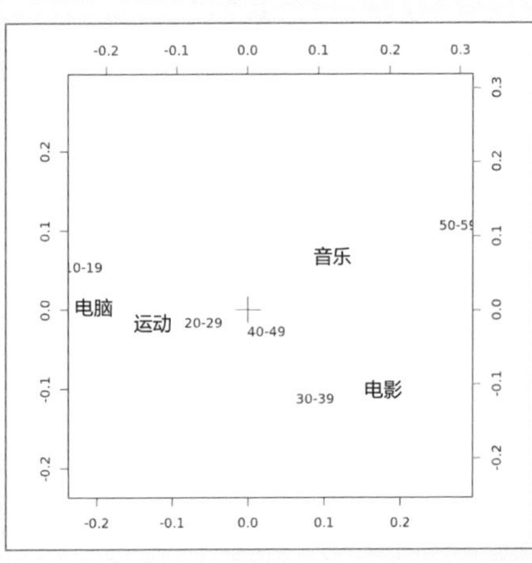

第4章

需要了解的统计学知识

—立足于数据推测答案—

把握数据的特征

人们通过计算平均值、方差，绘制直方图、散点图等方式对观测的数据进行整理、归纳、可视化等处理，从统计的角度把握其特征的方法被称为“**描述统计学**”（图 4–1）。

人们为把握数据之间的关系而建立假设时，也可以运用描述统计学的方法。然而，描述统计学对于未观测的数据、根本无法观测的数据就无能为力了。

我们掷骰子的时候，无论掷多少次，都可以对结果进行观测、汇总。然而，世界上存在很多事物，我们无法对其整体进行测量。有些事物的测量工作需要时间之长令人无法接受，有些事物一经测量就会变得毫无用处。

例如，我们为了测量日本人的平均身高，逐一测量每个日本人的身高是不现实的。为了测量蜡烛的可燃烧时间，如果将所有蜡烛都点燃，那就会没有蜡烛可用了。

根据手上数据推测整体

运用描述统计学，许多事物是无法进行测量的。但是，我们有通过有限的数据对整体进行推测的方法。例如，我们想要了解日本人的平均身高的时候，只要测量 1000 人左右的身高，就可以推测整体的平均身高。为了了解某种蜡烛的可燃烧时间，我们只要对 100 根同类蜡烛进行调查就足够了。

像这样的，**从整体中取出一部分，在对这一部分进行测量的基础上，对整体的分布进行推测的方法被称为**“**推断统计学**”（图 4–2）。人们通过推断统计学的方法得到的推测结果与实际的数值之间存在误差，但是，人们会从统计的角度对这种误差所处的范围做出判断。误差也成为人们判定假设是否正确的一个客观指标。

图 4-1 运用描述统计学使用、把握手上的数据

图 4-2 运用推断统计学从一部分数据推断整体

要点

- 人们运用描述统计学可以从统计的角度把握手上的数据，但是无法分析未经观测的数据。
- 人们运用推断统计学可以根据手上的一部分数据对整体的分布进行推断。

4-2 抽取数据

把握总体与样本的关系

人们分析数据时，在绝大多数的情况下，手中的数据只占调查对象的很小的一部分。所以说，人们仅仅是针对收集来的一部分数据使用推断统计学的方法进行分析。

此时，调查对象整体被称为“总体”，从总体中抽取出来的一部分数据被称为“样本”（图 4–3）。比如，我们在求日本人的平均身高时，日本人整体就是总体，被测的人就是样本。同样，我们在调查蜡烛燃烧时间时，所有蜡烛就是总体，其中实际用于测试的蜡烛就是样本。

抽取样本的数量被称为“样本大小”“样本尺寸”。总体的平均值被称为“总体均值”，总体的方差被称为“总体方差”，样本的平均值被称为“样本均值”，样本的方差被称为“样本方差”。

均衡地抽取样本

人们抽取样本时，选择样本的方法很重要。例如，在求日本人的平均身高时，如果只收集初中生的数据，数据显然会存在偏差。此外，如果只收集男性、运动员的数据，那也是不合理的。

所以，我们需要采取**尽可能避免产生偏差的方法**。这样的方法被称为“随机抽样”（非人为抽取），顾名思义非人为非常重要。我们只有尽量跨越年龄段、性别、职业、住址等因素选择对象进行测量，才有可能求出接近日本人整体平均身高的数值（图 4–4）。

在问卷调查中，对于调查对象的偏重问题是人们容易疏忽的问题。人们做电话调查时，无法对没有电话的人实施调查，人们做网上调查时，无法对不能上网的人实施调查。在从事调查时，我们必须根据调查内容有意识地避免这种偏重的产生（图 4–5）。

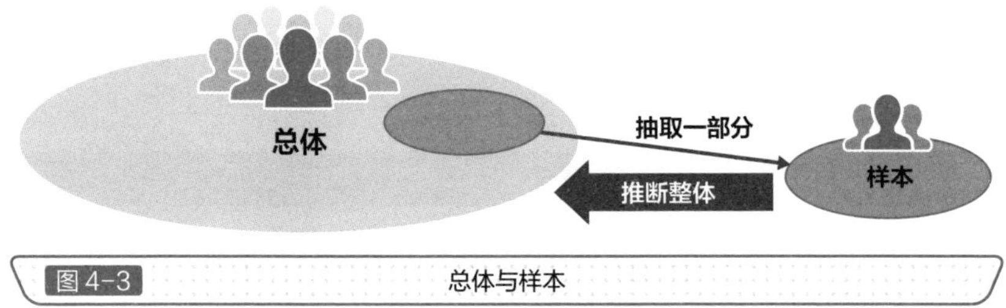

图 4-3　总体与样本

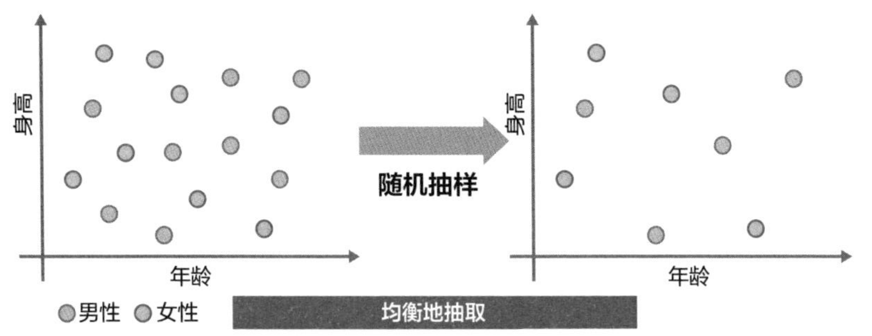

图 4-4　随机抽样以防止出现偏差

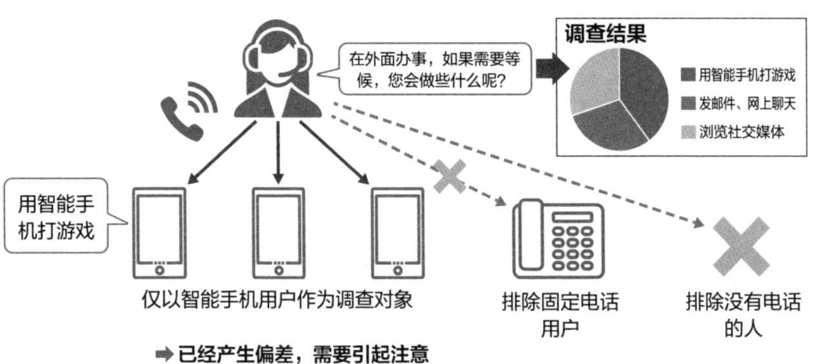

图 4-5　调查对象偏差示例

要点

- 从总体中抽取出来的一部分数据被称为“样本”，人们可以根据样本推断总体。
- 从总体中抽取样本的时候，人们需要有意识地避免偏差的产生。

用数值表示易发性

统计概率、数学概率、概率、期望值

统计概率和数学概率

在章节 3–15 中，我曾给各位介绍过在计算机上通过随机数产生无规律的数值的方法。这样，人们就能得到掷骰子、抽签时的那种无法预测结果的效果。此时，人们为了调查哪个数值会更多出现时，就会制作频数分布表。

表 4–1 所示的是人们累计掷骰子 100 次出现的点数的分布。此时，人们并不计算各个点数的出现次数，而是计算各个点数的出现次数在整体中的占比。如表 4–2 所示，所有数值相加等于 1。这样从出现频率的角度，针对通过多次尝试取得的点数的占比进行思考的方法被称为“统计概率”。如同反复掷骰子那样的**多次重复被称为“随机试验”，总是得到同样的结果被称为**“等概率的”。

由于做试验很麻烦，人们一般会使用计算出来的数值。在等概率的时候，人们计算出来的数值被称为“数学概率”。一般而言，人们所说的“概率”就是指数学概率。掷骰子时的概率如表 4–3 所示。**人们将在随机试验中可能发生的事称为“事件”，分配给事件的数值称为“随机变量”**。

计算概率的平均值

我们反反复复掷骰子的时候，从平均的角度来看，掷出点数的数值是多少呢。我们可以直观地取 1、2、3、4、5、6 的平均值，得到 3.5。骰子的各个点数会以相同的概率出现，所以计算掷骰子的概率比较简单。然而，彩票中奖的概率与此不同。

此时，人们所求的平均值被称为“**期望值**”，就是随机变量乘其概率的总和（图 4–6）。

表 4-1 累计掷100次各种点数出现的次数

点数	1	2	3	4	5	6
次数	15	17	16	18	14	20

表 4-2 掷骰子时掷出点数的统计概率

点数	1	2	3	4	5	6	合计
占比	$\frac{15}{100}$	$\frac{17}{100}$	$\frac{16}{100}$	$\frac{18}{100}$	$\frac{14}{100}$	$\frac{20}{100}$	1

表 4-3 掷骰子时的数学概率

点数	1	2	3	4	5	6	合计
概率	$\frac{1}{6}$	$\frac{1}{6}$	$\frac{1}{6}$	$\frac{1}{6}$	$\frac{1}{6}$	$\frac{1}{6}$	1

掷骰子

$$1\times\frac{1}{6}+2\times\frac{1}{6}+3\times\frac{1}{6}+4\times\frac{1}{6}+5\times\frac{1}{6}+6\times\frac{1}{6}=\frac{21}{6}=\mathbf{3.5}$$

买彩票

奖金等级	1等奖	2等奖	3等奖	4等奖
中奖金额	10万日元	1万日元	1000日元	0日元
概率	$\frac{1}{1000}$	$\frac{5}{1000}$	$\frac{50}{1000}$	$\frac{944}{1000}$

$$100000\times\frac{1}{1000}+10000\times\frac{5}{1000}+1000\times\frac{50}{1000}+0\times\frac{944}{1000}=\frac{200000}{1000}=\mathbf{200}$$

图 4-6 期望值

要点

- 概率分为统计概率和数学概率，人们通常所说的概率是指数学概率。
- 将随机变量与其概率之积相加就可求得期望值。

4-4 针对几个独立事件同时发生的概率进行思考

同时概率、独立性、互斥性、条件概率、概率的乘法定理

涉及多个事件的概率

人们不仅可以计算一个事件的概率，还可以计算涉及多个事件的概率。比如，我们掷两个骰子的时候，可以思考“第一个的点数是偶数，第二个的点数是 3 的倍数”的情况。

人们将多个事件同时发生的概率称为“**同时概率**”。如果我们以 $P(A)$ 表示事件 A 的发生概率，以 $P(B)$ 表示 B 的发生概率，则同时概率可以表示为 $P(A \cap B)$。$A \cap B$ 被称为事件 A 与事件 B 的“积事件”。

我们在掷两个骰子的时候，并不会因为一个骰子的点数是偶数，另一个的点数也必须是偶数。像这样，**一个事件对另一事件不产生影响被称为**“**独立性**”。在这种情况下，同时概率通过各自的概率相乘就能求出，即 $P(A \cap B) = P(A) \times P(B)$（图 4–7）。

有一个词叫作“**互斥性**”，很容易与独立性混淆，互斥性表示的是不会同时发生的意思。比如，我们将一个骰子投掷一次时，不会产生第二个、第三个点数，这就属于互斥性。

以其他结果为前提的概率

有一个概念与同时概率很相似，叫作“**条件概率**”。条件概率是**指某一事件在另一事件已经发生的条件下的发生概率，**用 $P(B \mid A)$ 来表示。$P(B \mid A)$ 是指事件 A 发生时，事件 B 发生的概率（图 4–8）。其算式如下。

$$P(B \mid A) = P(A \cap B)/P(A)$$

这个算式可以改写为 $P(A \cap B) = P(A)P(B \mid A)$，被称为“**概率的乘法定理**”。如果事件之间具有独立性，条件概率不会为条件所左右。也就是，$P(A \mid B) = P(A)$，$P(B \mid A) = P(B)$。

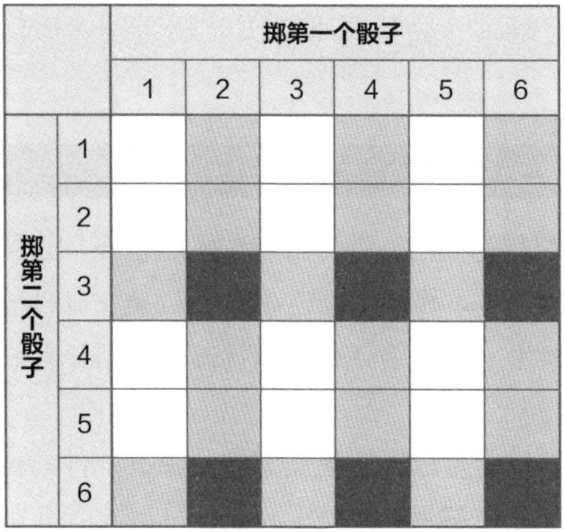

		掷第一个骰子					
		1	2	3	4	5	6
掷第二个骰子	1						
	2						
	3						
	4						
	5						
	6						

A：掷第一个骰子的点数是偶数
B：掷第二个骰子的点数是3的倍数

$$P(A)=\frac{3}{6}=\frac{1}{2}$$

$$P(B)=\frac{2}{6}=\frac{1}{3}$$

$$P(A\cap B)=\frac{6}{36}=\frac{1}{6}$$

↓

$$P(A\cap B)=P(A)\times P(B)$$

图 4-7 同时概率

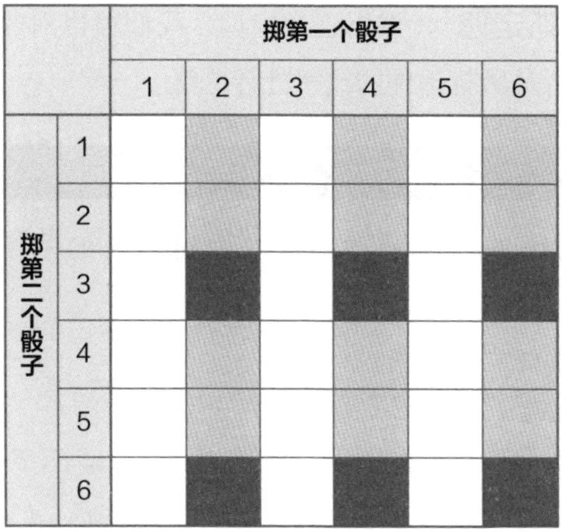

		掷第一个骰子					
		1	2	3	4	5	6
掷第二个骰子	1						
	2						
	3						
	4						
	5						
	6						

A：掷第一个骰子的点数是偶数
B：掷第二个骰子的点数是3的倍数

$$P(A)=\frac{3}{6}=\frac{1}{2}$$

$$P(A\cap B)=\frac{2}{6}=\frac{1}{6}$$

$$P(B\mid A)=\frac{6}{18}=\frac{1}{3}$$

↓

$$P(B\mid A)=\frac{P(A\cap B)}{P(A)}$$

图 4-8 条件概率

要点

- 同时概率是指多个事件同时发生的概率，如果事件之间具有独立性，将各个概率相乘即可算出。
- 条件概率是指某个事件发生时其他事件发生的概率。

4–5 基于结果对原因进行思考

先验概率、后验概率、贝叶斯定理、似然

通过添加条件来更新概率

在骚扰邮件的判定时，有时**信息越多，其判定精度就越高**。让我们一起思考一下为什么是这样的（图 4–9）。比如，我们收到英文邮件的时候，可以求它是骚扰邮件的概率。如果用 A 代表骚扰邮件，用 B 代表英文邮件，概率就是 $P(A \mid B)$。

我们查看一下以往收到的邮件，可以了解英文邮件与骚扰邮件的比例。这是事先把握的概率，被称为“**先验概率**”。我们在可以收到新邮件时，将先验概率作为判断新邮件是否是骚扰邮件时的条件来使用。这被称为“**后验概率**”。

有一个定理被称为“**贝叶斯定理**”，根据这个定理，我们可以对收到英文邮件时，判定该邮件是否是骚扰邮件的概率进行更新。

运用乘法定理进行推导

我们将 A、B 对调代入概率的乘法定理，可以得到下面的两个算式。

$$P(A \cap B) = P(A)P(B \mid A)$$

$$P(A \cap B) = P(B)P(A \mid B)$$

由于两个算式的左侧相同，我们可以得到 $P(A)P(B \mid A) = P(B)P(A \mid B)$，再加以整理，就可以得到 $P(A \mid B) = P(B \mid A)P(A)/P(B)$。此时，$P(A)$ 表示先验概率，$P(A \mid B)$ 表示后验概率，$P(B \mid A)$ 被称为“**似然**”（图 4–10）。

似然是“可能性的程度”的意思，代表新得到的数据具有可能性的概率，也就是通过新得到的数据对以往的知识进行更新的意思。

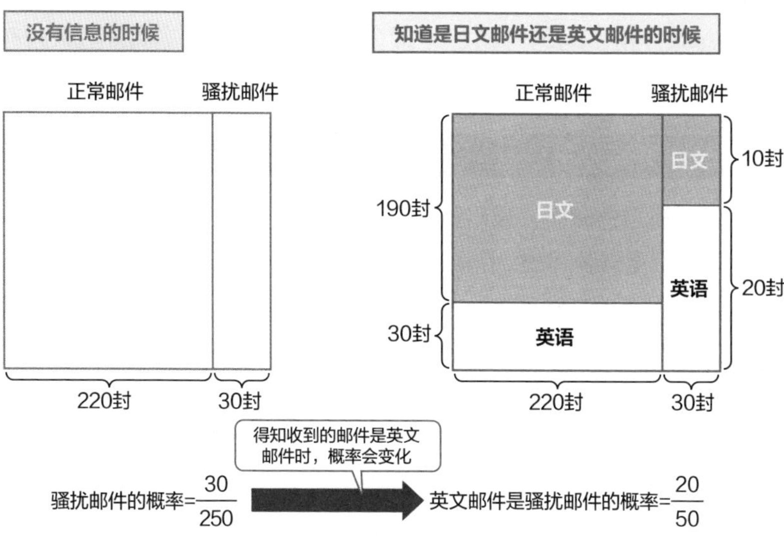

图 4-9 贝叶斯定理

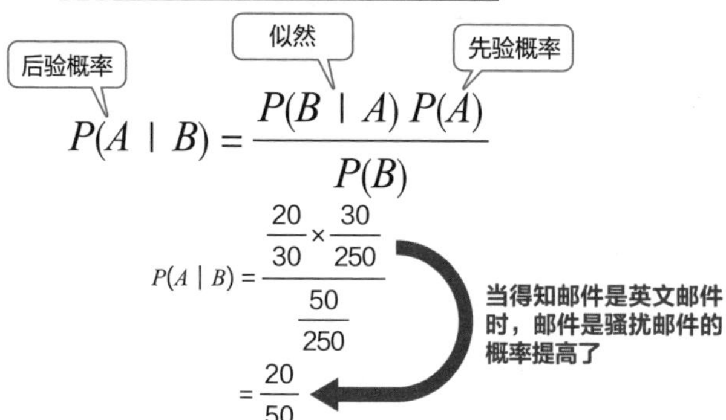

$$P(A \mid B) = \frac{P(B \mid A)\,P(A)}{P(B)}$$

$$P(A \mid B) = \frac{\frac{20}{30} \times \frac{30}{250}}{\frac{50}{250}} = \frac{20}{50}$$

图 4-10 贝叶斯定理的更新

要点

- 人们运用贝叶斯定理时，可以通过添加条件更新概率。
- 贝叶斯定理是从概率的乘法定理的公式变形推导出来的。

4-6 把握数据的分布

概率分布、均匀分布、二项分布、正态分布、标准正态分布

离散型概率分布

我们掷骰子的时候，掷出各个点数的次数大致是一样的。表 4–3 所示的是用随机变量及其概率所表示的“概率分布”。

我们将这样的概率分布用图形的方式展示出来时，可以看到各种各样的可能性。比如，我们掷骰子的时候，掷出的各个点数的次数有时会完全相同（图 4–11）。这样的分布被称为“均匀分布”。

我们在求签的时候，多次抽取之后计算得到“大吉”的次数时，会发现抽签箱中“大吉”数量不同，分布会不同。根据抽签箱中装有“大吉”的概率，我们绘制了图 4–12 的分布图，图中的分布被称为“二项分布”。

连续型概率分布

人们掷骰子时得到的点数是从 1 到 6 的整数，求签时抽到“大吉”的次数也是整数。也就是说，我们不会得到 1.5、3.2 之类的小数。这样的非连续的数据被称为“离散型随机变量”。

与此不同，在测量身高、体重时，人们会取包括小数在内的连续的数值。因为完全符合身高 170.1 厘米、170.2 厘米的人不多，所以我们一般会求人们身高进入 170 ~ 175 厘米范围（区间）的概率。

通过对许多人的身高进行调查，我们绘制了图 4–13。在图中，我们用平滑的曲线表示的分布状况，发现有大量数据聚集在平均值附近，越远离平均值数据就越少。这样的分布被称为“正态分布”（高斯分布）。**在正态分布中，平均值、中位数、众数的数值都相同。方差（标准偏差）越大，曲线越平缓；方差越小，曲线越陡峭**。

人们将通过标准化处理使平均值变为 0、方差变为 1（标准偏差也是 1）的正态分布称为“标准正态分布”。

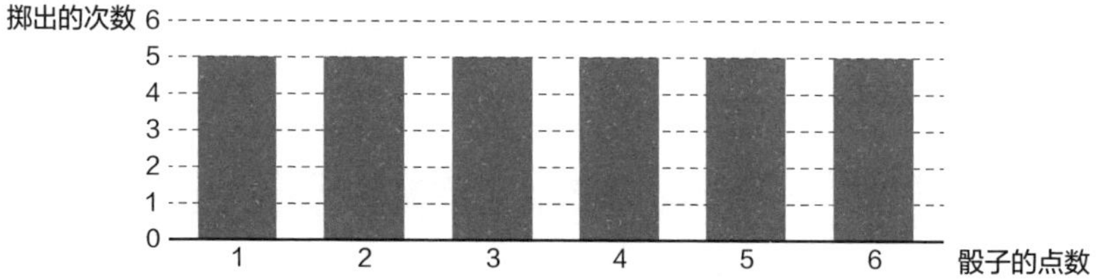

掷出的次数
6
5
4
3
2
1
0
1
2
3
4
5
6
骰子的点数

图 4-11 均匀分布（掷骰子的点数）

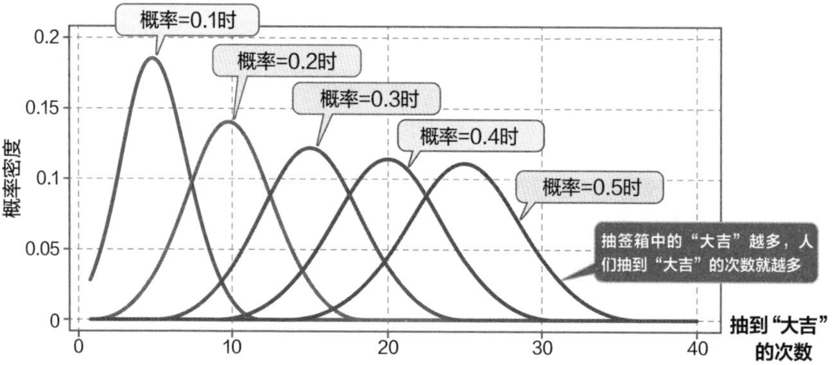

概率=0.1时
概率=0.2时
概率=0.3时
概率=0.4时
概率=0.5时
抽签箱中的“大吉”越多，人们抽到“大吉”的次数就越多
概率密度
0.2
0.15
0.1
0.05
0
0
10
20
30
40
抽到“大吉”的次数

图 4-12 二项分布（累计抽签50次）

接近平均值的人非常多
左右对称
越远离平均值，人越少

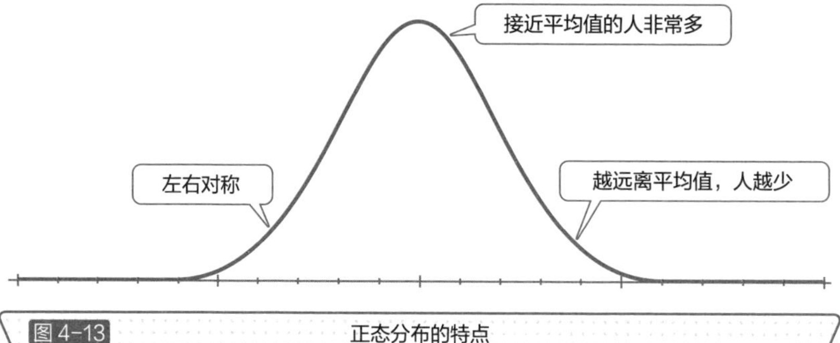

图 4-13 正态分布的特点

要点

- 均匀分布是指各种数据出现次数相同的分布。
- 正态分布是指许多数据集中在平均值附近，越远离平均值数据越少的分布。

4-7 如果收集众多数据，就能接近真实值

中心极限定理、大数定律

抽取样本，调查分布

我们知道了概率分布，就可以简单地求出期望值。但是，有时我们并不了解未知数据的分布情况。此时，对这样的数据一一进行调查，确认其分布是一件非常麻烦的事。

此时，人们可以利用方便调查平均值分布的定理——**中心极限定理**。其原理如下，只要我们抽取的样本的数量足够多，通过重复从总体抽取样本的操作，样本均值的分布就会接近正态分布（图 4–14）。

通过抽取多个样本让样本均值接近总体均值

无论总体数据如何分布，中心极限定理都会成立。不过，我们或许会认为即使知道样本均值的分布已经接近正态分布，如果不掌握总体均值的话，也是没有意义的。此时，另一个重要的定律——**大数定律**就登场了。

大数定律告诉我们，如果抽取大量的样本，样本均值就会接近总体均值。例如，如果我们增加掷骰子的次数，各个点数出现的概率就会接近 1/6（表 4–4）。

同样，我们求平均身高时也可以运用大数定律。我们求出某中学 2 年级学生的平均身高时，就得到了接近全国中学 2 年级学生平均身高的数值。虽说只采用几个人的数据，会产生较大的误差，但是如果人数达到一定的水平，我们还是可以得到精度较高的接近全国平均身高的数值的。也就是说，**如果数据少，产生的误差会比较大，但是当数据的数量达到一定程度时，精度是会提高的。**

当然，各种的样本均值不过是样本数据而已，与各个学校学生的平均身高并不相同。在多数情况下，与总体均值也会不同，但是这是接近总体均值的数值。

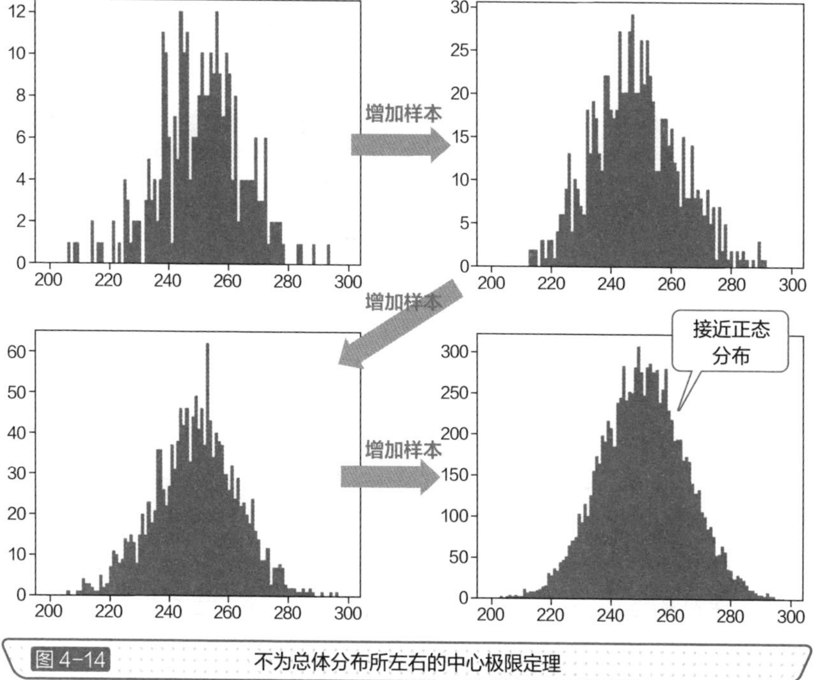

图 4-14 不为总体分布所左右的中心极限定理

表 4-4 利用大数定律求接近总体均值的数值

点数	1	2	3	4	5	6
30次	5	9	6	4	4	2
占比	0.167	0.3	0.2	0.133	0.133	0.067
100次	14	22	17	16	19	12
占比	0.14	0.22	0.17	0.16	0.19	0.12
300次	51	55	49	51	45	49
占比	0.17	0.483	0.163	0.17	0.15	0.163

要点

- 无论总体数据分布如何，中心极限定理都是成立的。
- 人们根据大数定律，通过大量抽取数据就可以得到接近总体均值的数值。

4-8 用函数来表示分布

概率密度函数、累积分布函数

连续型随机变量的概率

对于连续型随机变量，我们一般讨论在一个区域内取值的概率。此时，使用函数来表示针对随机变量的概率的方法被称为“概率密度函数”（图 4–15）。我在章节 4–6 中介绍过的图 4–13 正态分布图形就是概率密度函数图形。

人们有时将概率密度函数简称为“密度函数”“概率密度”，用图形纵轴表示易发性。

计算范围内的函数

离散型概率分布中的概率是对应随机变量输出值的数值。**连续型概率分布中的概率可以通过计算随机变量包含在某个范围内的部分的面积求出**。例如，在图 4–15 中包含在 a 到 b 中的概率可以通过对涂有颜色的部分的积分计算求出。

概率的总和为 1，在连续型概率分布中，概率密度函数的图形与 x 轴之间的面积为概率之和，整体面积为 1。当然，在标准正态分布中，图形下方的面积为 1。

表示使随机变量 X 的值小于等于 x 时的概率的函数，被称为“累积分布函数”，有时人们简称为“分布函数”。如果用 $y = f(t)$ 来表示概率密度函数的话，累积分布函数的算式如下。

$$F(x) = P(X \leqslant x) = \int_{-\infty}^{x} f(t)\mathrm{d}t$$

累积分布函数是将小于等于 x 时的概率都相加求得的，数值会单调增加。x 值越大，其数值就越接近 1。给出图 4–16 中左侧图形所示的概率密度函数时，其累积分布函数如图 4–16 右图所示。可以按照上面的算式计算概率，也就能够求出期望值。期望值可以通过随机变量与概率之积求得，即可以通过图 4–17 所示的积分方法算出。

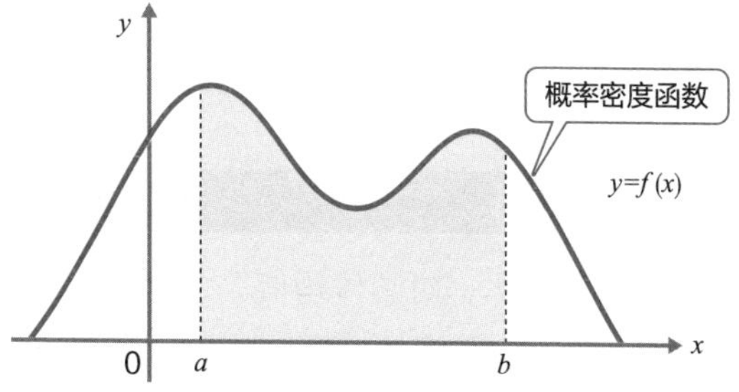

图 4-15 概率密度函数的图形

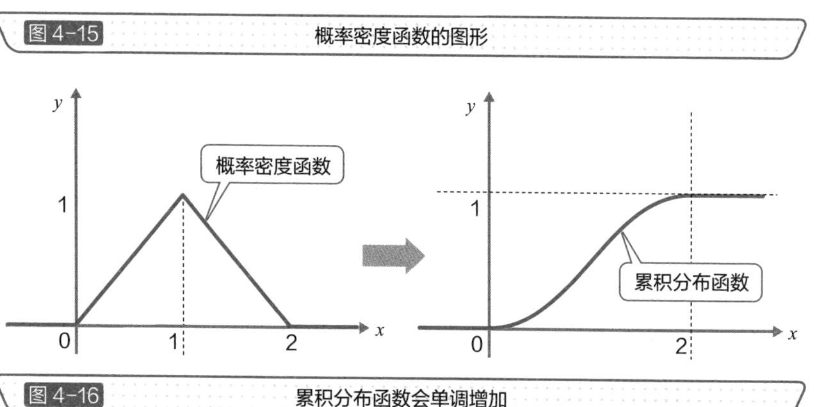

图 4-16 累积分布函数会单调增加

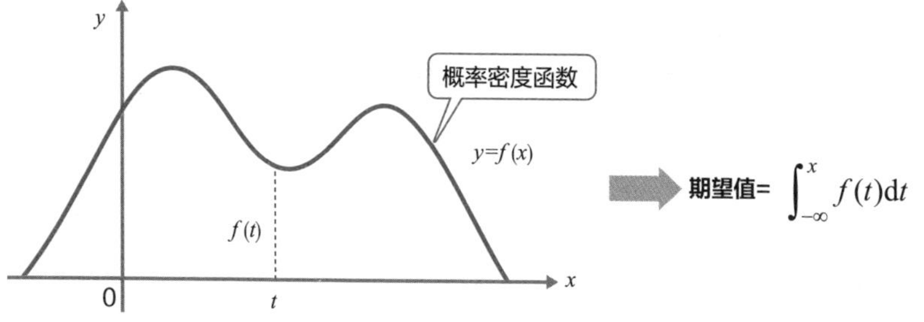

图 4-17 连续性概率分布的期望值

要点

- 人们通过以函数的形式来表示分布，就可以以积分方法计算连续型随机变量的概率。
- 累积分布函数会单调增加。

4-9 根据抽取的数据推测原始的总体

无偏估计量、点估计、区间估计、置信区间

基于一个数值进行估计

人们可以根据抽取的样本，对总体均值、总体方差等进行估计。此时，用于估计的数值被称为“**无偏估计量**”（图 4–18）。

例如，在估计总体均值的时候，根据大数定律，越是增加样本的数量，样本均值就越接近总体均值。此时，人们将“视样本均值为总体均值”的以一个数值进行估计的方法称为“**点估计**”。

基于区间进行估计

虽说点估计是个通俗易懂的方法，但是**实施点对点的数值估计是一件困难的事。**于是，就出现了“在一定范围内寻找总体均值”的方法，即在某个区间内进行估计的方法，这被称为“**区间估计**”。

如果我们能够确定一个“确保 95% 的概率”的范围，在大多数的情况下就不会有问题。这是指在 100 次抽取样本对区间的估计尝试中，总体均值位于哪个区间的次数达到 95 次。在让 100 所中学根据本校学生的平均身高对全国平均值进行区间估计时，95 所学校的数值都在所估计的范围内。

这样的区间被称为“**置信区间**”，具有 95% 可靠性的区间被称为“95% 置信区间”。为了更严格地确定范围，人们还会采用“99% 置信区间”。由于是在区间进行估计，就要考虑数据的分布。按照中心极限定理，人们通过反复从总体中抽取样本，就可以让样本均值的分布接近正态分布。

在正态分布中，从平均值到第一个标准偏差的范围内，约有 68% 的数据，到第二个标准偏差的范围内，约有 95% 的数据，到第三个标准偏差的范围内，约有 99.7% 的数据（图 4–19）。更准确地说，要达到 95%，标准偏差则为 1.96 倍，要达到 99%，标准偏差则为 2.58 倍。

推定

无偏估计量

•估计量均值
•无偏方差
•无偏标准偏差

图 4-18 用于估计的无偏估计量

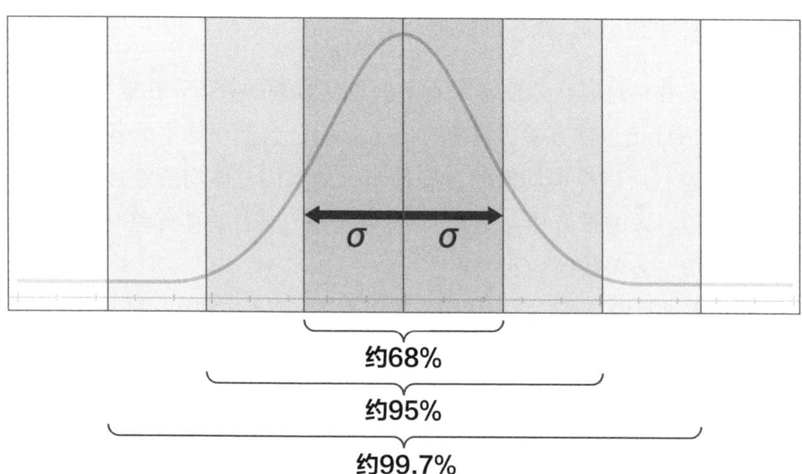

图 4-19 正态分布时数据的占比

要点

- 点估计是采用一个数值对总体均值等的数值进行估计的方法。
- 区间估计是在某个区间内对总体均值等的数值进行估计的方法。
- 95% 置信区间是指在 100 次抽取样本、估计区间的尝试中，总体均值在其区间内的次数达到 95 次。

4-10 在不知道方差的情况下进行推算

标准误差、无偏方差、自由度、t 分布

估计方差

在上一节介绍的用样本均值来估计总体均值的方法中，我们使用方差和标准偏差。此时，**我们所需要的不是样本的方差，而是被抽取的几个样本均值的分布的方差**（图 4–20）。

通常，人们抽取样本时，如果只抽取“某中学学生的平均身高”那样的单一样本是无法了解样本均值的分布的。

于是，人们一般会使用样本均值分布的方差的推算值，该推算值是用总体方差除以样本数计算出来的。这被称为“**标准误差**”，若总体方差为 σ^2，样本数为 n，则标准误差就是 $\sqrt{\frac{\sigma^2}{n}}$。

不过，在估计时，人们常常不掌握总体方差的数值。在这种情况下，就需要先估计出总体方差。计算样本方差时，会使用样本的各数据与样本均值之差，所以样本均值的方差最小（如果用总体均值等其他数值代替样本均值，差的平方和会变大）。也就是说，估计总体方差时，如果使用其他数值，方差数值会变大。

在方差计算中，人们会取代用与平均值之差的平方和除以样本数 n 的做法，采用将其除以 n–1 算出推算值的做法，这被称为“**无偏方差**”。此时，n–1 被称为“**自由度**”。如果无偏方差为 s^2，则标准误差为 $\sqrt{\frac{s^2}{n}}$。

总体方差未知时的分布

在知道总体方差的时候，人们会采用正态分布总体均值的区间估计的方法。在不知道总体方差的时候，人们会采用 **t 分布**的方法。t 分布是与标准正态分布类似的分布，根据自由度不同，分布的形态会不同。我在图 4–21 中，对自由度为 1、5、10 的 t 分布与标准正态分布进行了对比。

t 分布自由度越大，则越接近标准正态分布。通常，样本数超过 30 的时候，人们会使用正态分布，样本数不到 30 的时候，人们会使用 t 分布。

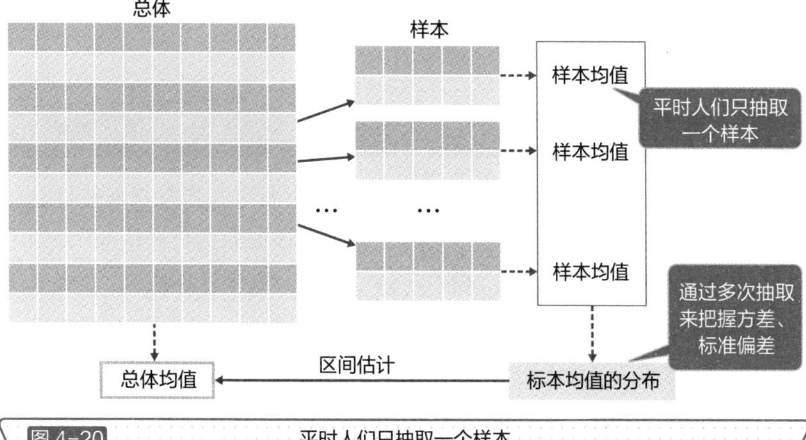

图 4-20 平时人们只抽取一个样本

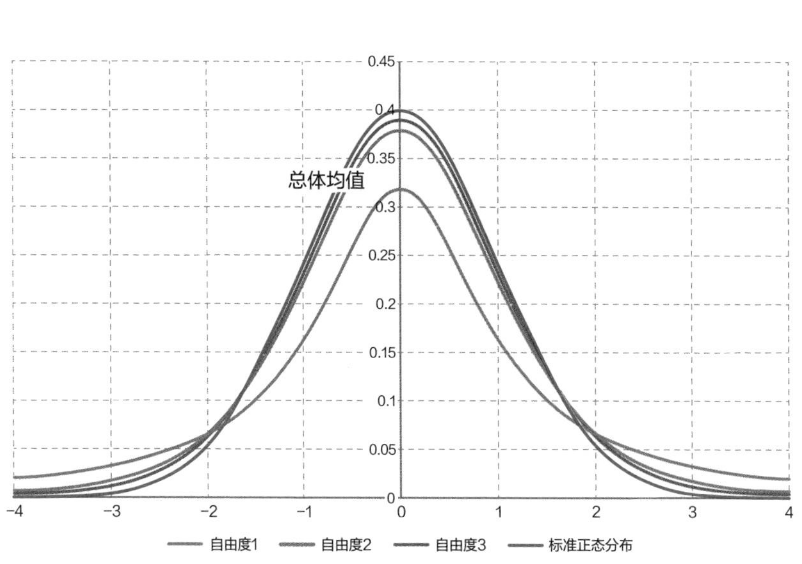

图 4-21 自由度不同的 t 分布与标准正态分布

要点

- 标准误差是指样本均值分布的方差的推算值。
- 人们实施总体均值的区间估计时，如果知道总体方差，通常会采用正态分布的方法，如果不知道总体方差，会采用 t 分布的方法。

4-11 从统计学的角度进行验证

检验、原假设、备择假设、拒绝

对情况是否属于偶然进行调查

我们可以通过计算从总体中抽取的样本的平均值和方差来估计总体均值。但是，当感觉总体不太正常时，我们应该如何进行确认呢？

比如，在掷骰子的时候，我们可能会怀疑“有人在作弊”，在观察来自多个工厂的产品时，可能会产生“虽说是同样的商品，怎么有些不一样”的疑问。此外，人们也会做“听课前与听课后，成绩发生了怎样的变化”“用药前和用药后，检查结果有什么不同”之类的确认。

这种从统计的角度进行的验证被称为“检验”（统计学检验）。检验是指人们为了调查总体是否发生了变化，抽取的样本中存在偏差是否属于偶然，而**根据作为样本抽取的数据，对于“总体均值、方差是否与某个数值相等（或者大于、小于某个数值）”的假设进行的验证。**

设定假设

在掷骰子的时候，如果确认没有人作弊，那么我们会认为某个点数频繁出现属于偶然。某个点数多次出现，令人质疑时，人们想要否定有人作弊而提出的反对的主张被称为“原假设”。相反，人们想要验证“有人在作弊”时提出的主张被称为“备择假设”。我们也可以理解为原假设是“对方的主张”，备择假设是“自己的主张”。检验的目的在于验证假设的成立，所以这种验证也被称为“假设验证”（图 4–22）。

如图 4–23 所示，虽然检验的种类繁多，但是其做法都是相同的。人们会在最开始设定原假设、备择假设，然后以原假设成立作为前提进行验证。如果发现原假设发生的可能性极低，那么就做出“原假设不正确＝备择假设正确”的判断。这种做法被称为“拒绝”，如果原假设未被拒绝，则表示“接受原假设”。

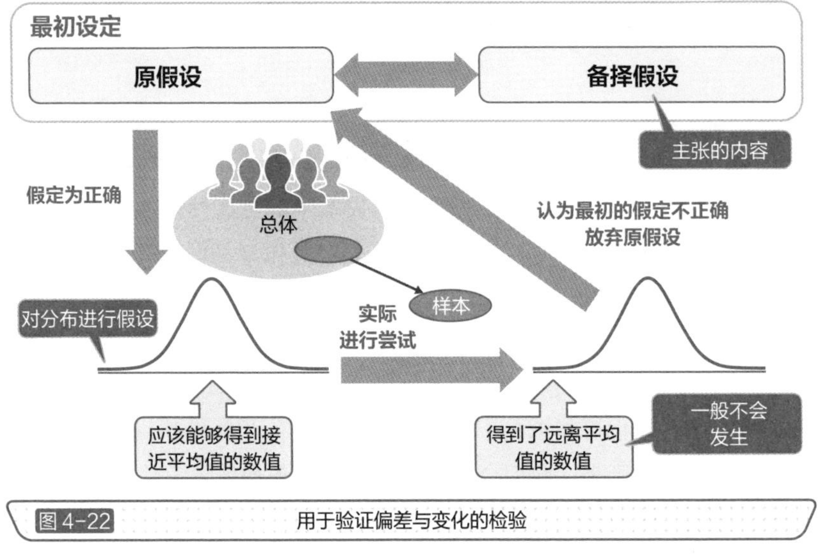

图 4-22 用于验证偏差与变化的检验

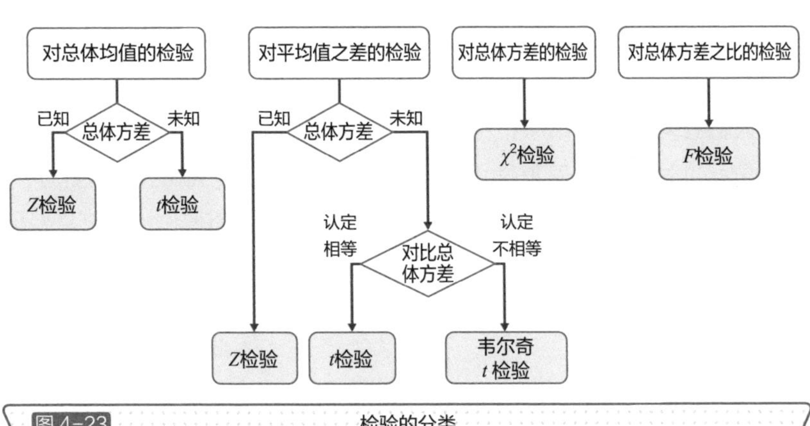

图 4-23 检验的分类

要点

- 检验是人们对数据存在偏差是属于偶然还是必然进行调查的方法。
- 人们会设定原假设、备择假设，以原假设是正确的为前提实施检验，如果判断发生的事件属于不易发生的事件，则判断原假设不正确。

确定做出正确判断的基准

检验统计量、拒绝域、显著性水平、双侧检验、单侧检验

确定拒绝的范围

人们在进行检验时，为了做出原假设发生的可能性极低的判断，会思考作为样本抽取的数据的分布，计算平均值和方差等的数值。这种用于验证的数值被称为“检验统计量”。

假设，我们购买1升装的盒装牛奶时买到了实际容量不到1升的牛奶。此时，即使这盒牛奶的实际容量不到1升，我们没有购买的其他1升装牛奶的实际容量也可能都是1升的。看来我们有必要调查一下这种情况是否属于偶然。于是，我们会再购买几盒，从平均值思考总体均值，调查发生实际容量不到1升的情况的概率（图4–24）。

也就是说，我们**通过调查基于数据算出的检验统计量，可以对得到那样的样本数据的可能性到底会有多低做出判断**。在此，我们承认在一定范围内有发生判断错误的可能性。

人们针对检验的结果拒绝原假设的范围被称为“拒绝域”。拒绝域的设定标准被称为“显著性水平”或者“危险率”。如果显著性水平等于5%，那么就相当于人们尝试做了100次试验时，原假设的情况只发生了不到5次，十分罕见。人们通常使用5%这一显著性水平，遇到需要做出关乎生命的重要判断时，人们会采用1%，在做无关紧要的判断时，采用10%即可。

双侧检验与单侧检验

人们对盒装牛奶的实际容量是多于1升还是少于1升进行调查时，会基于正态分布来思考统计量分布，设定其两侧的共计5%（左右各2.5%）范围为拒绝域。这被称为“双侧检验”（图4–25）。如果不对盒装牛奶的实际容量是否多于1升，只对实际容量是否少于1升进行检验时，一方的正确性已经确定，就在单侧设定5%的拒绝域。这种检验被称为“单侧检验”。

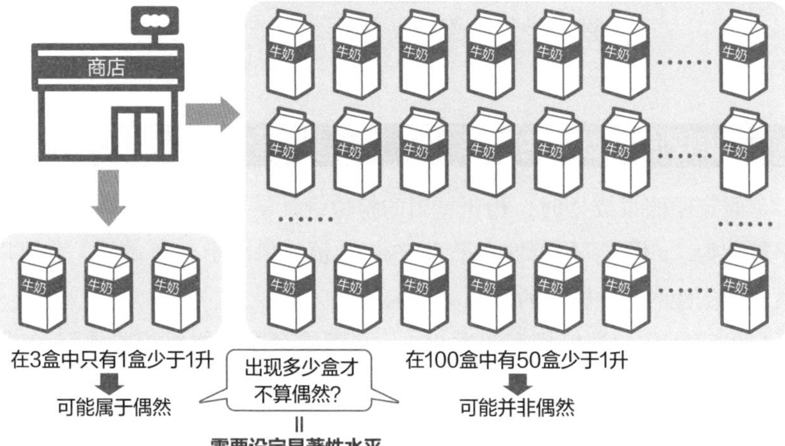

图 4-24 显著性水平的设定

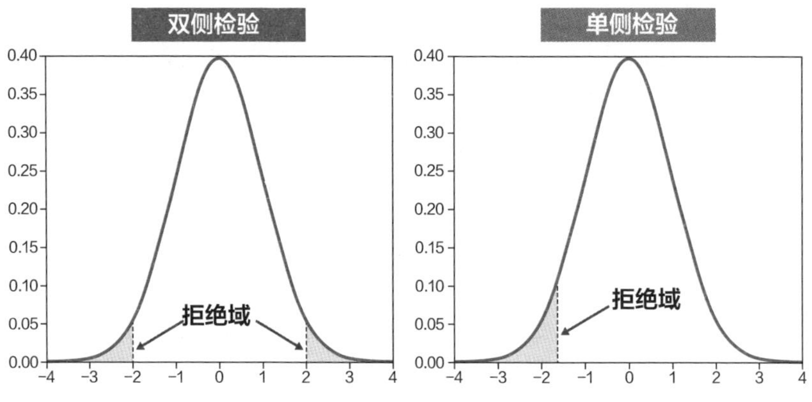

图 4-25 双侧检验与单侧检验的拒绝域（显著性水平为5%）

要点

- 拒绝域是指拒绝原假设的范围，是由显著性水平决定的。
- 人们通常使用 5% 这一显著性水平，遇到需要做出重要判断时，人们会采用 1%，在做无关紧要的判断时，采用 10% 即可。
- 人们实施双侧检验时，会在分布的两侧设定拒绝域，实施单侧检验时，会在分布的单侧设定拒绝域。

4-13 对检验结果做出判断

p 值、显著性差异、错误、第一类错误、第二类错误

观测到极端数值的概率

假定原假设成立时，相比算出的检验统计量，观测到极端数值的概率被称为“p 值”。显著性水平为 5%，数值如果小于 0.05 的话，就可以做出偶然性的影响较小的判断。

也就是说，“即使概率超过 95%，也可能存在非偶然的差异”，这样的情况被称为有显著性差异（有差异）。

我们实施检验时，必须事先（先于抽取样本）确定拒绝域。如果在事后，我们采取“如果将拒绝域定为 5%，原假设就会被拒绝，那就把拒绝域改成 10% 吧”的做法，检验就变得毫无意义了（图 4–26）。

检验结果也是有可能出错的

在检验的时候，如果原假设被拒绝，从统计的角度看就意味着备择假设被接受。如果检验统计量的数值在拒绝域内，原假设会被拒绝，备择假设会被接受，然而，这样的做法未必都是正确的，对于这一点请各位务必引起注意。

例如，显著性水平为 5% 的检验中被拒绝的是小于 5% 的小概率事件。这只是从概率的角度看而已，不能保证绝对正确（图 4–27）。

我们只是从样本数据的角度，根据概率得出结论而已，在多数情况下没有问题。但是，**根据一些数据给出错误结论的可能性是存在的。**这被称为“错误”，错误又可分为第一类错误和第二类错误。

第一类错误是指拒绝了原本正确的原假设，接受了备择假设，这也被称为“错误排除”。也就是说，人们将正确的假设认定为了错误的假设（表 4–5）。

第二类错误是指在备择假设是正确的时候，却接受了原假设，这也被称为“错误肯定”。也就是说，人们放过了不正确的原假设。

暂且承认原假设
- 假设原假设是正确的
- 在此基础上，确定统计量的分布

→

设定拒绝域
- 确定显著性水平
- 确定进行双侧检验还是单侧检验

→

抽取标本
- 用抽取的样本求出统计量
- 如进入拒绝域则放弃原假设

图 4-26 检验的步骤

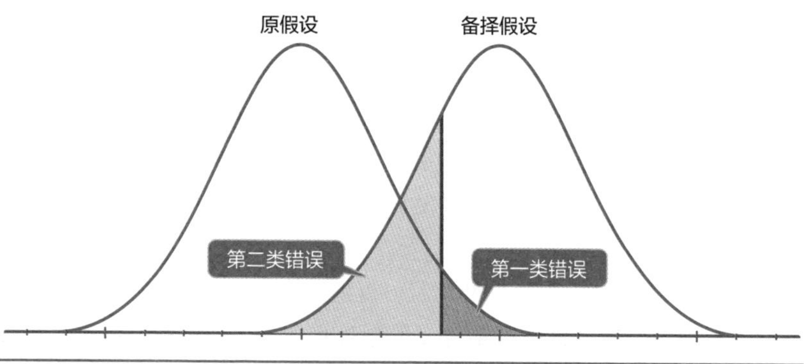

图 4-27 检验的结果有可能会出错

表 4-5 对检验结果的判断

		检验的结果	
		p值≥0.05	p值<0.05
现实	原假设是正确的	接受原假设（不能说是正确的）	第一类错误（错误排除）
	备择假设是正确的	第二类错误（错误肯定）	放弃原假设（接受备择假设）

要点

- 原假设是正确的却被放弃，这被称为“第一类错误”或者“错误排除”。
- 备择假设是正确的，但被接受的却是原假设，这被称为“第二类错误”或者“错误肯定”。

4-14 检验平均值

Z 检验、t 检验

在掌握总体方差时采用的检验方法

检验盒装牛奶的实际容量是否为 1 升，可以采取两种方法。第一种方法就是，**生产者对照以往的数据进行检验**。生产者手中会保存过去的总体均值、总体方差的数据。在此基础上，生产者可以抽取一些现在的产品，与过去的做对比，从中发现有什么不同。

假设从过去 1 年的数据来看，平均值为 1 升，且方差值也已知。如果总体均值和总体方差都不变的话，样本均值也应该为 1 升。人们可以将总体均值设为 μ、显著性水平为 5%，对原假设 $\mu=1$、备择假设 $\mu<1$ 进行检验。此次是要检验备择假设（实际容量少于 1 升）是否正确，所以采用单侧检验方式。

对图 4–28 的算式进行标准化后，得到总体均值与样本均值之差的分布为标准正态分布，这时需要对 Z 值是否在拒绝域内进行检验。这被称为“Z 检验”。

在不掌握总体方差时采用的检验方法

第二种方法就是，消费者购买一些商品进行检验。此时，人们手上没有总体均值、总体方差等数据。人们可以**使用实际测量出的数值进行检验**（图 4–29）。

人们可以设总体均值为 μ、显著性水平为 5%，对原假设 $\mu=1$、备择假设 $\mu<1$ 进行检验。此次也是要检验备择假设（实际容量少于 1 升）是否正确，所以也采用单侧检验方式。

在介绍 t 分布的时候，我曾介绍过，总体方差未知的时候，我们可以使用无偏方差。不过此时的分布不是正态分布，而是服从自由度 $n–1$ 的 t 分布。根据 Z 检验的算式，人们就可以检验在对于总体均值与样本均值之差的分布已做标准化处理的部分，使用无偏方差求得的 t 值是否会在自由度 $n–1$ 的 t 分布的拒绝域的范围内。这种检验被称为“t 检验”。

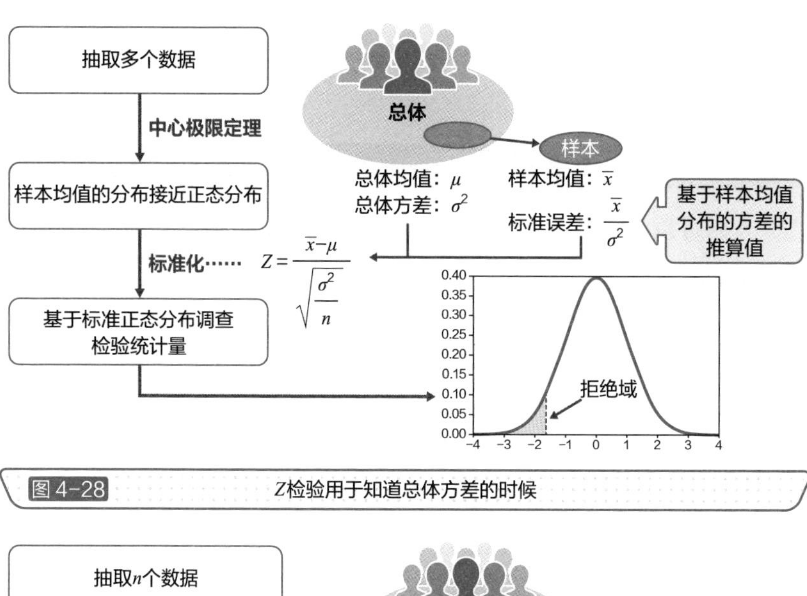

图 4-28 Z检验用于知道总体方差的时候

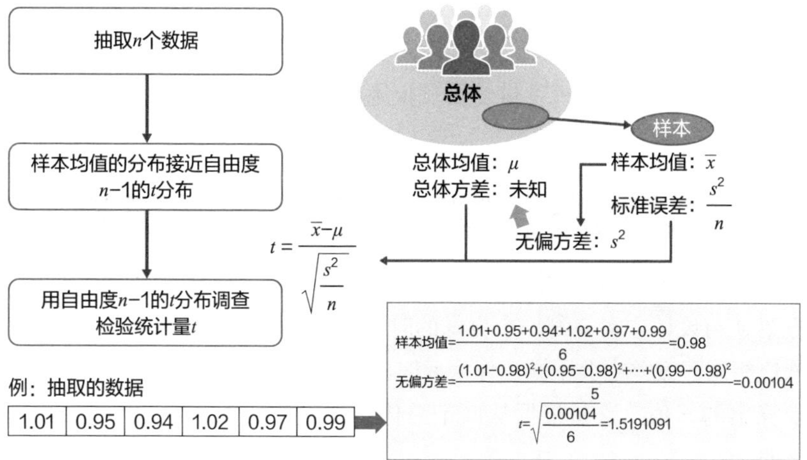

图 4-29 t检验用于不知道总体方差的时候

要点

- Z 检验用于人们在知道总体方差的情况下通过观测的样本均值对总体均值实施的检测中。
- t 检验用于人们不知道总体方差的情况下通过观测的样本均值对总体均值实施的检测中。

4-15 检验方差

χ^2 分布、χ^2 检验、F 检验

从样本检验总体方差

人们可以通过 Z 检验和 t 检验来检验平均值，但即使平均值相同，其分布的离散程度也会不同。此时，我们可以考虑**对可以影响离散程度的方差和标准偏差进行检验。**

假设某家店之前销售商品所需时间的方差为 50。我们可以检验一下今天员工销售商品所需时间的方差是否与以往相同，显著性水平设为 10%。

根据图 4–30 中算式求得的检验统计量服从自由度 n–1 的 χ^2 分布（卡方分布）。χ^2 分布与 t 分布一样，根据自由度不同分布的形态会不同，伴随自由度的增加，就会接近正态分布。例如，图 4–31 所示的就是自由度为 3、5、10、20 的 χ^2 分布。确定原假设与备择假设，根据显著性水平设定拒绝域，对检验统计量是否在拒绝域范围内进行检验的方法被称为“χ^2 检验”（卡方检验）。

用样本检验总体方差之差

人们有时需要掌握多个总体方差之间的差。比如，我们对比设计方案 A 与设计方案 B 哪一个更好的时候，查看评价时会发现有时即使平均值相同，方差也会不同。作为此时的检验统计量，人们会使用图 4–32 中算出的 F 值。这是根据从两个总体中抽取的样本的无偏方差计算出来的。

分母和分子都是二次幂，所以 F 值不会小于 0。此外，这是方差之比，所以无须将样本数相加，一方的数据为 20 件，另一方的数据为 30 件也没有关系。

假定各组数据的数量为 n_A、n_B，则 F 值服从自由度（n_A–1，n_B–1）的 F 分布。假设分布服从 F 分布，确定原假设与备择假设，根据显著性水平设定拒绝域，对检验统计量是否在拒绝域范围内进行检验的方法被称为“F 检验”。

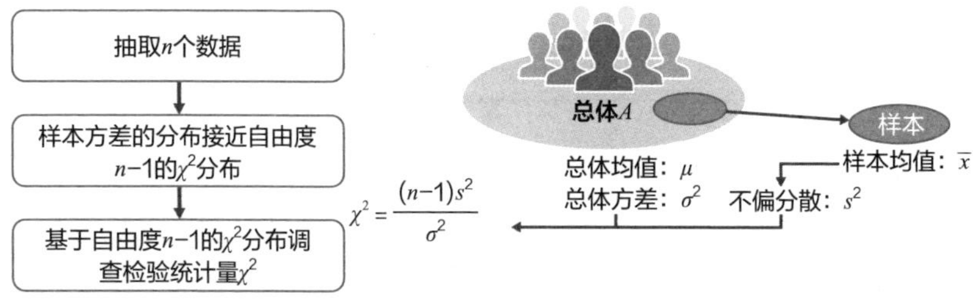

图 4-30 使用χ^2检验能够对总体方差进行检验

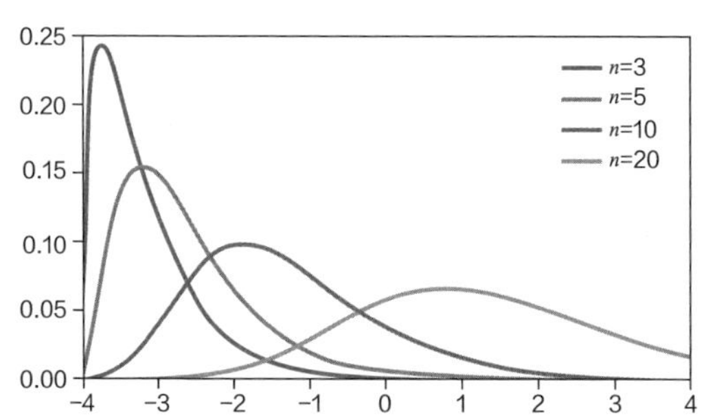

图 4-31 χ^2分布根据自由度不同分布会不同

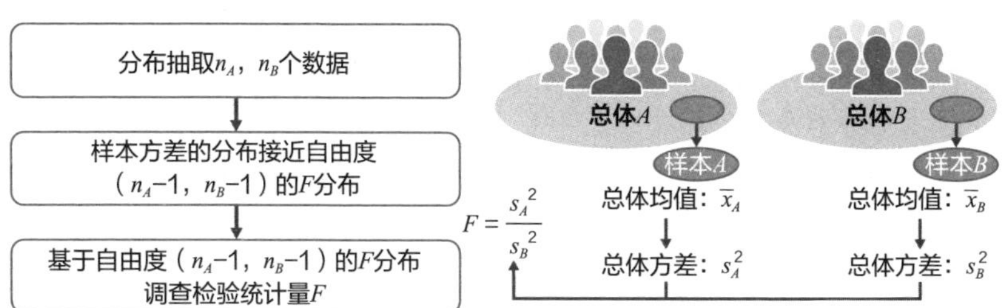

图 4-32 使用F检验能够对总体方差之差进行检验

要点

- χ^2 检验用于采用通过样本计算出的无偏方差对总体方差的检验。
- F 检验用于采用通过样本计算出的无偏方差对总体方差之差的检验。

试一试　尝试检验一下身边的食品吧

在第 4 章中，我给各位介绍了检验盒装牛奶中的实际容量是否为 1 升的方法。我们要想掌握这样的检验流程，就要实际动手进行计算。

所以，各位不妨动手对手上的食品等做个检验吧。比如，我们可以找几瓶 500 毫升装的瓶装水，测量一下其重量。

克	克	克	克	克	克

我们可以确定原假设为“等于 500 克”，备择假设为“少于 500 克”，将显著性水平设定为 5%，实施单侧检验。数据如果有 6 个，采用自由度 5 的 t 分布。使用 Excel 对自由度 5 的 t 分布的下侧 5% 点进行调查时，我们需要输入“= T.INV（0.05,5）”。我们算出的数值如果小于这个数值，可以判断其在拒绝域范围内。

接着，我们计算样本均值与无偏方差。在 Excel 中，我们可以使用“AVERAGE”函数算出平均值，使用“VAR.S”函数算出无偏方差。

如果从 A1 到 F1 的 6 个格中有数据的话，请在 A2 格中输入“=AVERAGE（A1:F1）”，在 B2 格中输入“=VAR.S（A1:F1）”。此外，在 C2 格中输入原本的数值——“500”。

我们使用曾在前文中为各位介绍过的下面的算式，求出 t 值。

$$t = \frac{\bar{x} - \mu}{\sqrt{\frac{x^2}{n}}}$$

我们在 D2 格中输入“=（A2−C2）/ SQRT（B2 / 6）”，算出的 t 值就会显示出来。请各位确认这个数值与上面的下侧 5% 点的数值相比哪一个大哪一个小。

第5章

需要了解的有关人工智能的知识

——常用的手法及其机制——

5-1 打造与人类具有同等智慧的计算机

人工智能、图灵测试

聪明的计算机是什么

“在围棋、象棋对弈中，计算机战胜了人类”之类的有关聪明的计算机的新闻报道越来越多。这种“如同人类一样聪明的计算机”被称为“人工智能”。

对于“聪明”一词，每个人的感觉都会有所不同。要是能令计算机达到把握形势、做出判断，进而采取行动的水平，那就堪称完美了。然而，要实现这一点人类还有很长的路要走。如今，虽说人工智能已经达到相当聪明的水平，但是与人类具有同等智能水平的计算机尚未出现。

与人类具有同等智能水平的人工智能被称为“强人工智能”，用于围棋、象棋、图像处理等特定领域的探索、推论的人工智能被称为“弱人工智能”（图 5-1）。

判断与人类具有同等智慧的标准

人工智能一词广泛用于空调、冰箱等大型家电领域以及智能扬声器、剃须刀等小家电领域，有时用户会将配备“智能”功能本身称为人工智能。

对人工智能一词含义的界定是一个难题，人们会采用一种名为“图灵测试”的针对人工智能进行测试的方式。假设我们与别人在网上聊天，我们并不知道对方是谁（图 5-2）。

如果聊天时除了对话内容得不到对方的任何信息，在对话结束时我们无法区分对方是人还是计算机，则可以确定对方具有与人类一样的智慧。这不仅限于网上聊天，还可用作**针对各种情况的判断标准**。如果在打扫完卫生之后，无法判断完成打扫工作的是人还是计算机，那么这样的人工智能或许已经足够完美了。

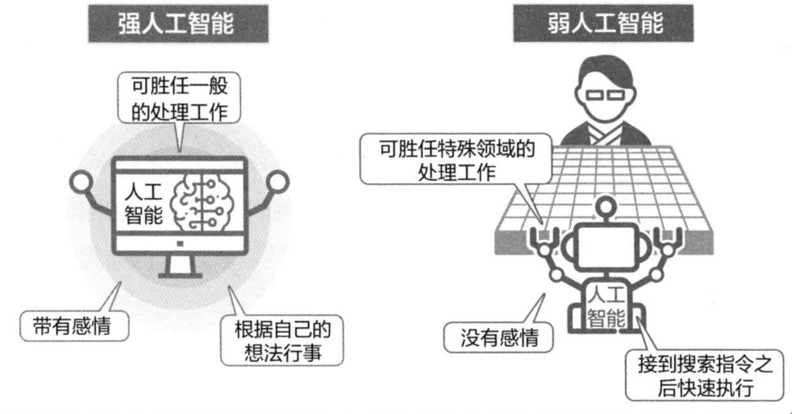

图 5-1 强人工智能与弱人工智能

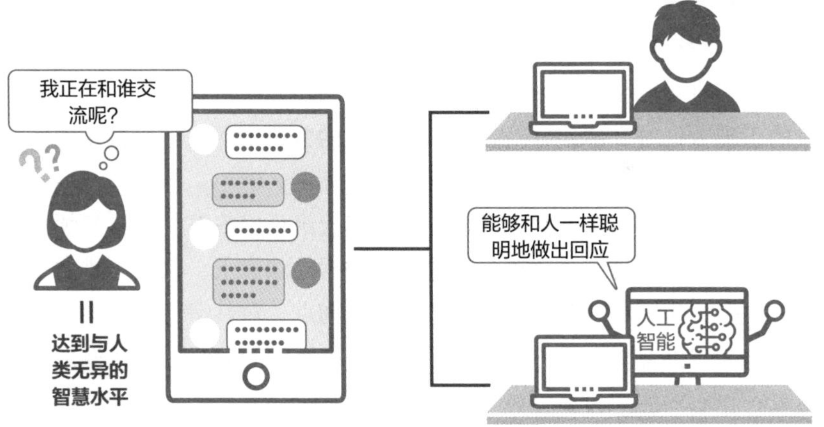

图 5-2 测试人工智能智慧程度的图灵测试

要点

- 人工智能是具有与人类同等智慧的计算机，但是到目前为止，与人类具有同样思考能力的人工智能尚未出现。
- 图灵测试是用于测试人工智能智慧的方法。

5-2 实现人工智能的手法

机器学习、监督学习、无监督学习、强化学习

机器自行学习

机器学习是一种实现人工智能的技术。顾名思义，这是指机器自己进行学习，人类并不告诉机器规则是什么，只是通过向机器提供数据，就能令机器变得聪明起来。

一般的软件是人类根据数据思考规则，然后作为程序加以执行的，计算机只是按照定制好的程序完成处理工作而已。在机器学习中，计算机会根据数据对规则进行思考。学习用的程序是由人类制作的，但是，**其规则却是由计算机通过计算自动求出来的**（图 5-3）。

机器学习的分类

为机器提供成对的输入数据、输出数据，以得到接近期望的输出结果为目的进行调整的方法被称为“监督学习”。机器收到人类提供的大量的正确数据时，即使针对接近输入数据的数值也能输出接近正确答案的数值。

在我们身边存在人类无法解决、要想找出正确答案会非常麻烦的问题。此时，人们会在不知道正确的输出数据的状态下，仅仅为机器提供输入数据。让机器从给出的数据中找出共同点，对其特征进行学习的方法被称为“无监督学习”。机器可能不懂得正确的分组方法，但是能够将具有相似特征的数据分成多个组，输出有关具有相似特征的组的信息（图 5-4）。

人类不会做出正确与不正确（成功与失败）的判断，计算机在试错过程中得到好的结果，就会得到奖励，这种追求奖励最大化的学习方法被称为“强化学习”。在围棋、象棋对弈中，对于某些局面的正确下法，人类也是不知道的。但是，最终知道胜负的结果之后，可以将其用于学习。

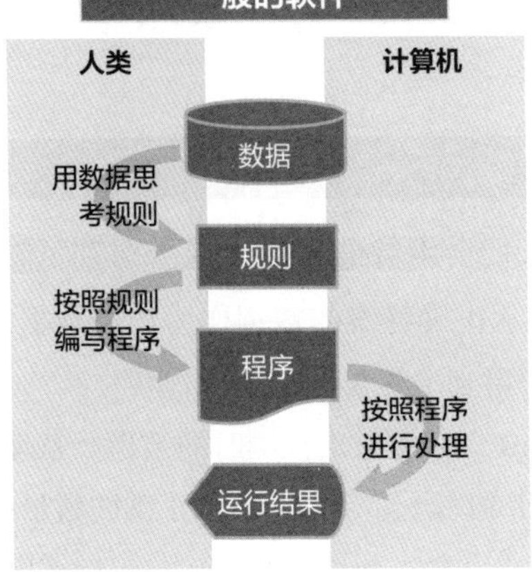

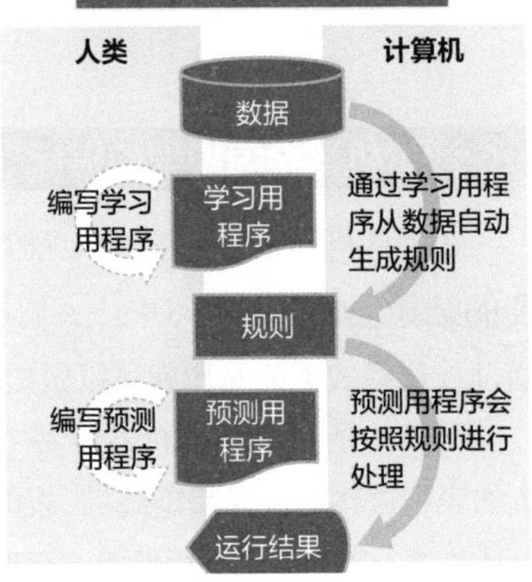

图 5-3 机器学习

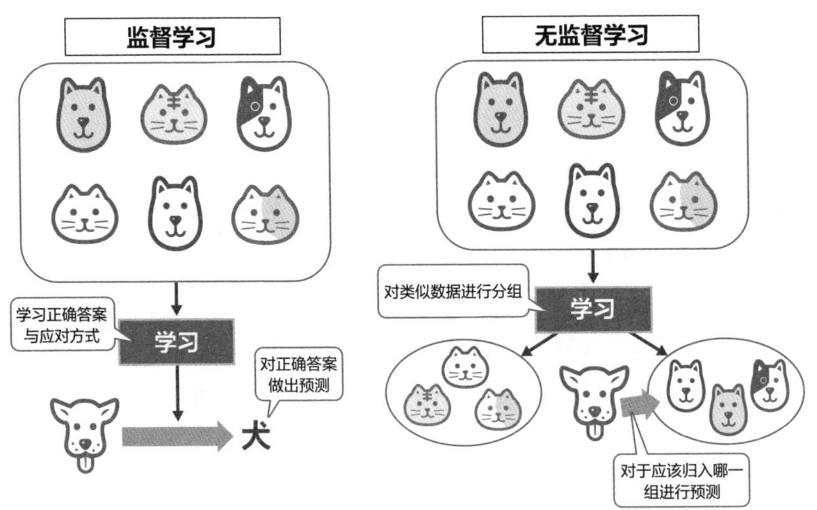

图 5-4 监督学习与无监督学习

要点

- 机器学习是指令计算机根据人类给出的数据自动进行学习的技术。
- 机器学习可分为监督学习、无监督学习、强化学习三类。

5-3 用于评价人工智能的指标

混淆矩阵、准确率、精确率、召回率、F 值、交叉验证

评价机器学习模型的指标

在确认机器学习的学习状况时，人们会**用数值来评价是否得到了想要的结果。**在监督学习中，人们用表示正确答案的数据作为训练数据，通过与这些数据的对比就可以做出是否得到了想要的结果的判断。

图 5-5 所示的是在机器学习中对 10 个数据做出预测时的结果。整理成的表格被称为“**混淆矩阵**”，表的左上和右下显示的是预测正确的数量。具体来看，总共 10 个数据中，预测正确的有 7 个，7/10 = 0.7，我们可以做出 70% 预测正确的判断。这个比率被称为“**准确率**”。

我们可以通过准确率做出判断，但是在数据存在偏差时，难以根据准确率做出判断的情况也是存在的。假设，狗和猫的图像共有 100 张，其中 95 张是狗的图像。此时，我们不假思索地做出所有图像都是狗的图像的判断，准确率就可达到 95%。

因此，人们有时会使用如图 5-6 所示的“**精确率**”“**召回率**”指标。不过，这两个指标此消彼长，所以人们有时会使用精确率与召回率的调和平均数——F **值**。

通过多个数据进行有效检验

人们使用同样的训练数据的时候，总会得到类似的结果。于是，人们会采用将给出的数据分为两组，将一组数据作为训练数据、另一组数据作为验证数据的方法。

人们在分组时并没有什么规定的比率，在运行过程中还会采取将训练数据与验证数据进行互换的做法，这被称为“**交叉验证**”。例如，人们将给出的数据分为 4 组，其中 3 组作为训练数据，1 组作为验证数据。之后，人们还可以对数据进行互换（图 5-7）。

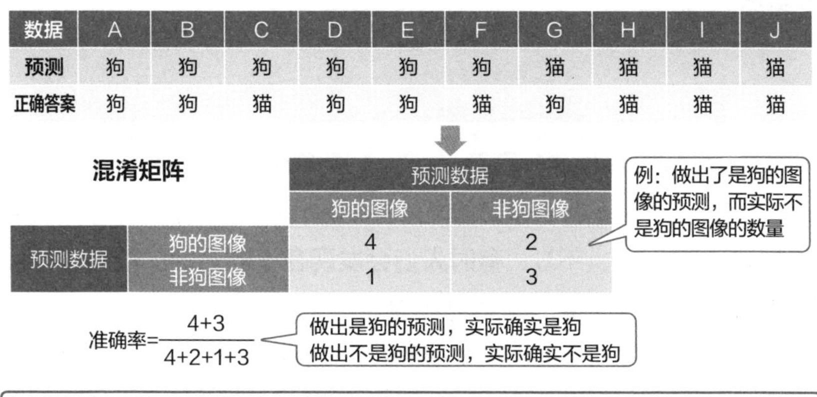

图 5-5 混淆矩阵与准确率

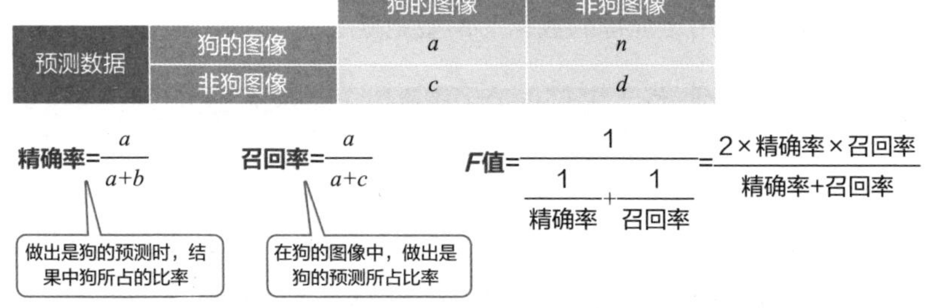

图 5-6 精确率、召回率和F值

第一次	训练数据	训练数据	训练数据	验证数据	→ 评价
第二次	训练数据	训练数据	验证数据	训练数据	→ 评价
第三次	训练数据	验证数据	训练数据	训练数据	→ 评价
第四次	验证数据	训练数据	训练数据	训练数据	→ 评价

图 5-7 交叉验证

要点

- 评价机器学习的模型时，人们会运用混淆矩阵，使用准确率、精确率、召回率、*F* 值等指标。
- 为防止针对特定数据的局限性，人们会使用交叉验证的方法。

5-4 掌握学习的进度

使用特定数据的过度学习状态

在使用训练数据进行学习的阶段，准确率可以达到很高水平。人们可能认为这是好事。不过，**有时人们会发现在不断对训练数据进行优化的时候，验证数据的准确率并不提高。**

我们认为这是出于如图 5-8 左图所示的偏重训练数据的模型已经形成的原因，这种情况被称为“过拟合”。一般的数据无法匹配这样的模型。另外，我们要想提高精度，需要花费一定的时间。

一般认为，造成过拟合的原因有“参数的数量过多”“训练数据过少”等。可以说，用于训练的数据的模型是复杂的。

学习停滞不前的状态

与过拟合正相反，对训练数据都不匹配的状态被称为“欠拟合”。一般认为，模型过于简单等是造成欠拟合的原因。这种情况下，利用训练数据都无法得到较高的准确率，验证数据越多误差就会变得越大。

人们为了弄清过拟合与欠拟合的状态，采取在增加数据数量时关注其准确率的变化的方法。

训练数据数量少的时候，即使准确率发生变化，也可以通过增加数据数量的方法，确保准确率的稳定。验证数据数量少的时候，与训练数据完全不同的数据的出现会造成准确率的下降，这时通过采取增加数据数量的方法可以逐步提高准确率，令准确率稳定在一定水平。

如果准确率稳定在较高水平，**训练数据和验证数据接近类似的结果，那么我们可以说学习的效果不错。**如果学习停滞不前，训练数据的准确率会接近低水平的数值，验证数据的低水平状态也会持续。反之，如果陷入过拟合的状态，训练数据的精度会压倒性地高于验证数据（图 5-9）。

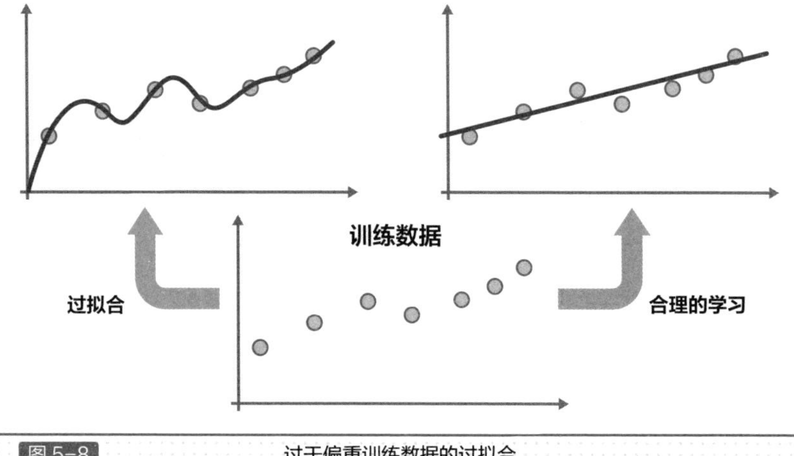

图5-8 过于偏重训练数据的过拟合

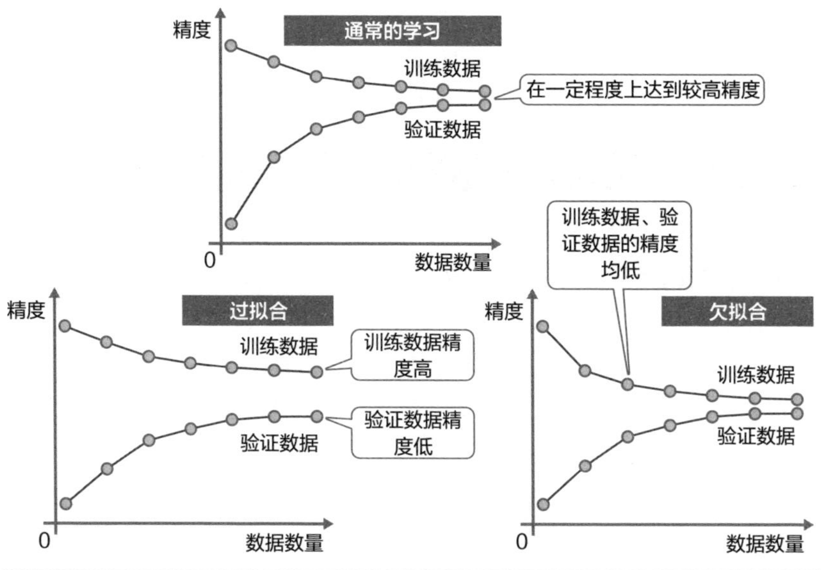

图5-9 根据不同的准确率做出的判断

要点

- 形成偏重于训练数据的模型被称为“过拟合”。
- 与训练数据都不匹配的状态被称为“欠拟合”。

模仿大脑的学习方法

神经网络、损失函数、误差反向传播法

通过神经元传输信号

神经网络是常用的机器学习方法。神经网络是模拟人脑通过彼此相连的神经元传递信号的结构，构建数学模型而组成的网络。

神经网络结构为分层结构，由输入层、中间层（隐层）、输出层构成。输入层的输入值进入中间层的神经元，在此计算出来的结果被传输至输出层（图 5–10）。

在此计算过程中会用到“权重”的概念，神经网络就是在调整权重数值的过程中进行学习的。在监督学习中，基于输入数据、权重计算出来的输出数据与训练数据之间会产生误差，为了减少误差，神经网络会对权重进行调整（图 5–11），针对给出的训练数据，神经网络通过反复的调整就可以掌握合适的权重数值。

反方向传递误差

在调整权重时，我们可以将答案数据与实际输出数据之间的误差视为输入数据的函数，即损失函数（误差函数）。减小损失函数的数值就意味着减少误差，接近正确答案。

通常，人们求函数最小值时，会使用微分的方法。下一节我将为各位介绍通过微分求得斜率进而接近最小值的方法——梯度下降法（最陡下降法）、概率梯度下降法等。

在神经网络中，需要调整的权重不只存在于中间层与输出层之间。输入层与中间层之间也有权重，存在多个中间层的可能性也是有的。人们可以通过将答案数据与实际输出数据的误差从输出层传输至中间层，再从中间层传输至输入层的反向传输，对权重进行调整，此方法被称为“误差反向传播法”（图 5–12）。

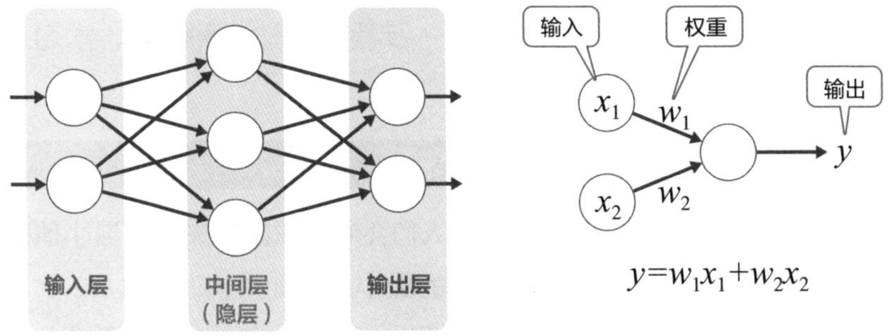

图 5-10 神经网络与计算

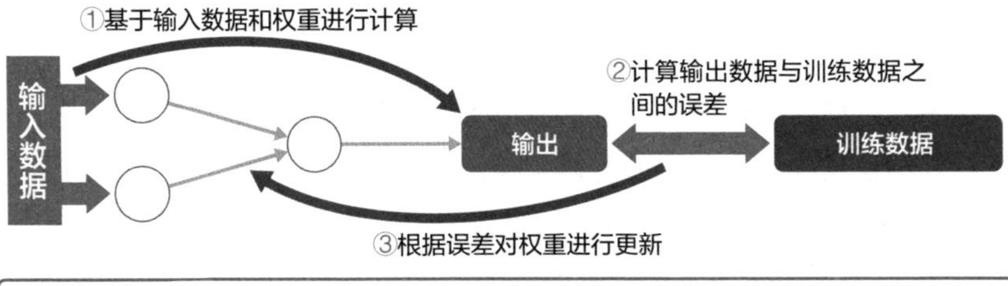

图 5-11 调整权重

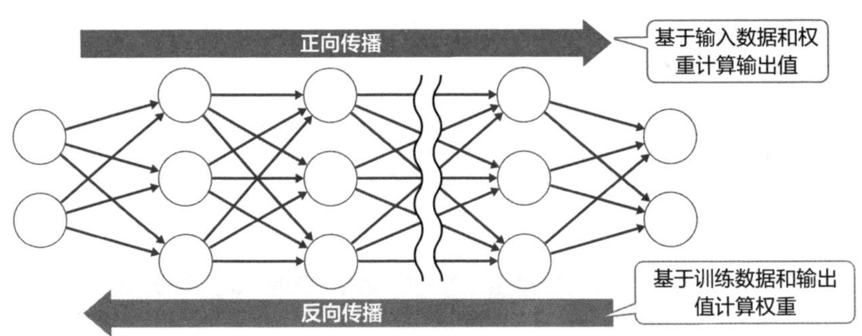

图 5-12 反向调整权重的误差反向传播法

要点

✐ 神经网络在学习过程中，会在分层结构中一边传输信号，一边计算、输出结果，并且对计算过程中所使用的权重不断做出调整。

✐ 使用误差反向传播法的时候，人们通过将答案数据与输出数据的误差进行反向传播来调整权重。

5-6 逐渐接近最优解

梯度下降法、局部解、学习率

一边观察斜度，一边接近最小值

在神经网络等机器学习方法中，人们会**通过求出损失函数最小值来实现输入结果与训练数据之间误差的最小化。**如果损失函数是二次函数那样的简单函数，通过微分就可以算出函数最小值；如果是复杂的函数，有时求值就没有那么简单了。

此时，人们不会根据给出的函数通过计算求得最小值，而是在图形中选择几个点，朝着数值逐步缩小的方向一边一点一点地移动，一边进行摸索，这种方法被称为"**梯度下降法**"（图 5–13）。

人们使用梯度下降法的时候，在推进方向上寻找数值时，采用计算针对所有学习数据的误差，向最小值方向前进的方法，这被称为"最陡下降法"。这种方法具有朝着最小值直线推进即可的优点，但是也会因为需要计算所有数据而比较耗时。于是，人们有时会使用从学习数据中随机选择几个数据，按照误差变小的方向推进的方法，这被称为"概率梯度下降法"。

如图 5–14 所示，针对复杂的函数使用梯度下降法时，有可能在求出最小值之前收敛到其他答案。这被称为"**局部解**"。如果就此结束学习，那就不能得到最优值了。

调整查看的间距

人们为了避免产生局部解，会采用通过对移动幅度与"**学习率**"（学习系数）做乘法的方式来确定下一个移动目的点的方法。如果学习率数值比较小，就会只做小范围移动，一旦陷入局部解就会无法脱身（图 5–15）。

如果将学习率数值放大，就有可能跨越局部解。不过，将学习率放大的时候，也存在比较耗时、得不到答案的可能性。**这就需要开展调整工作，一边尝试各种各样的数值，一边对学习情况进行确认。**

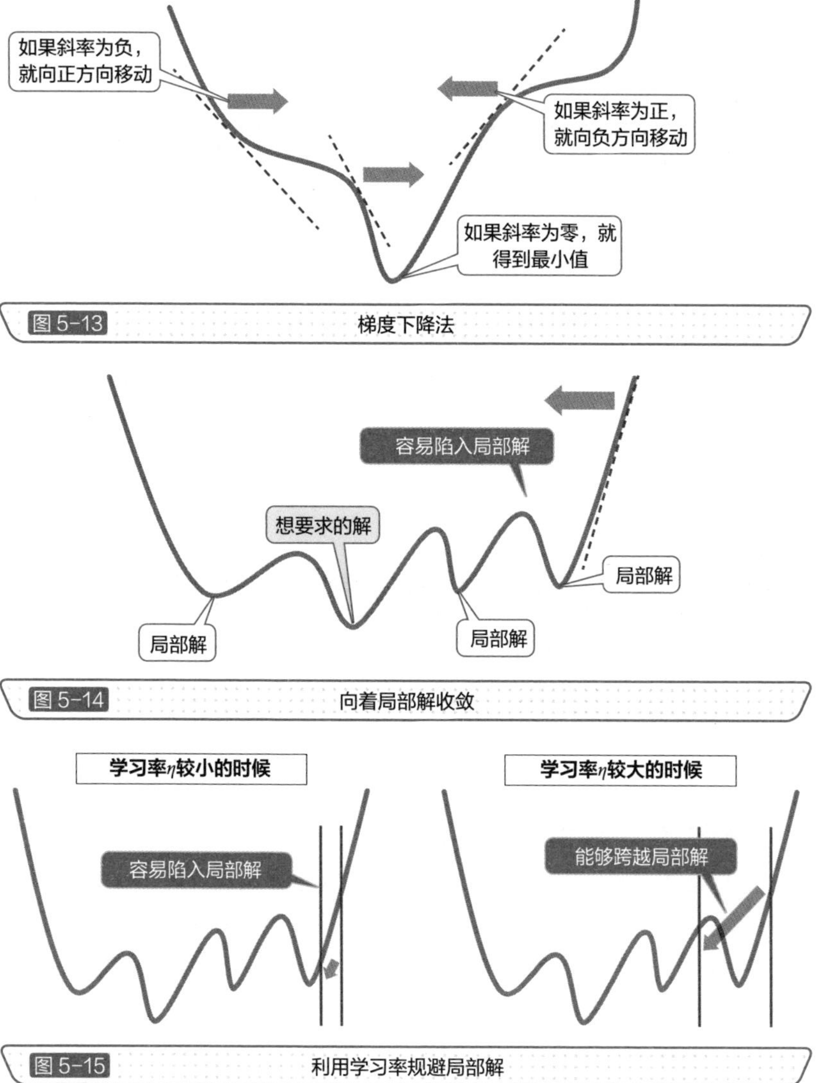

图 5-13 梯度下降法

图 5-14 向着局部解收敛

图 5-15 利用学习率规避局部解

要点

- 人们采用梯度下降法时，会在图形中数值变小的方向上逐步移动、摸索。
- 人们为防止陷入局部解，会使用学习率这一参数。

5-7 深入各分层，利用大量数据进行学习

深度学习、CNN、RNN、LSTM

深化神经网络的层次

神经网络具有简单的结构。但是，**通过深化其层次，可以呈现更为复杂的结构，让其解决困难的问题，**这被称为“深度学习”（图 5-16）。

伴随层次的深化，学习需要更多的数据，处理需要更多的时间。但同时，伴随物联网终端、传感器等的出现，收集数据能力得到大幅提升；伴随计算机性能的提高，良好的结果不断涌现。深度学习不仅被用于围棋、象棋对弈中，展示了超越人类的能力，在图像处理等领域也得到普遍应用。

在图像、语音领域的应用

深度学习不仅仅是简单地对神经网络进行深化而已。在图像处理领域，CNN（卷积神经网络）得到了广泛的应用。

对 CNN 而言，在照片等图像中，相比每一个点，与周围各点之间的关系更具有意义。在图 5-17 中，人们采用了通过重复被称为“卷积”“池化”的处理把握图像特征的方法。

运用卷积方法时，人们不会对图像中各点分别进行处理，而是通过识别其特征（颜色的急剧变化等）来强调其纵向和横向的边界。运用池化方法时，人们会通过在图像中每隔一定间距抽取一些数据来获得粗糙的图像，对于错位等情况也能够做出判断。

在机器翻译、语音识别等领域中，伴随新数据的不断增加，RNN（循环神经网络）、LSTM（长短期记忆人工神经网络）等时间序列数据解析手法也开始得到应用（图 5-18）。

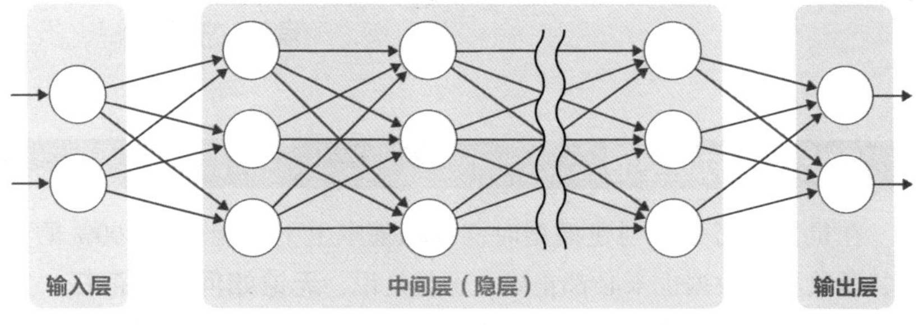

图 5-16 深度学习的分层结构

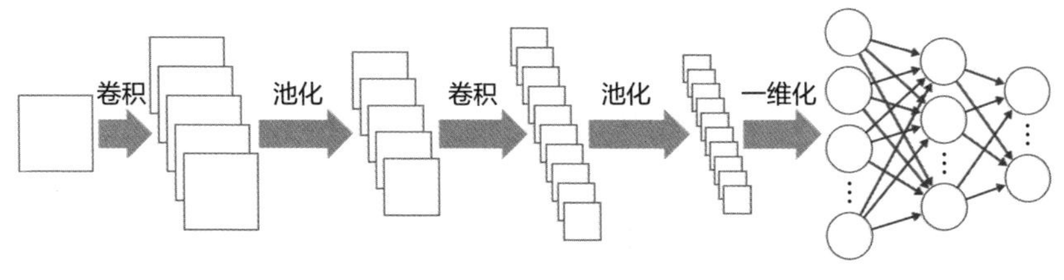

图 5-17 深度学习的分层结构

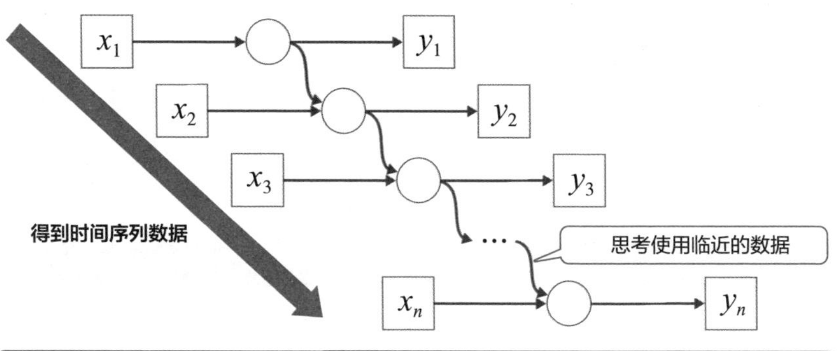

图 5-18 RNN的概要

要点

- 深度学习是通过深化神经网络层次，展现复杂结构，解决难题。
- 在图像处理领域，CNN 技术得到广泛应用；在机器翻译、语音识别领域，RNN、LSTM 技术得到广泛应用。

5-8 对误差进行量化

偏差-方差分解、折中

求出误差的期望值

在机器学习中，创建模型时，我们基本上不可能获得100%的精度，所收集的数据也未必都正确。也就是说，**无论如何都会存在一定的误差**。将真实值设为y、模型预测值设为$\hat{y}$时，误差的期望值（平均值）就可以通过$E[(y-\hat{y})^2]$的算式求出，这被称为“均方误差”（Mean Squared Error，MSE）。

我们可以将上面的算式分解为$E[(y-E[\hat{y}])^2]+E[(\hat{y}-E[\hat{y}])^2]$那样的两个项，第一项被称为“偏差”，第二项被称为“方差”。这种分解方法被称为“**偏差-方差分解**”。

偏差是预测值与真实值之差，是由于模型的表现力不足造成的。在需要复杂模型的时候，会因为参数太少等理由而无法展开学习。偏差较大的时候，人们可以做出欠拟合的判断（图5-19）。

方差意味着模型即使与训练数据相匹配，与验证数据之间也会产生误差的情况。方差较大的时候，人们可以做出过拟合的判断（图5-20）。

源于测定环境的噪声也会造成误差。通过传感器收集信息、照相机拍摄图像、影像时，无论如何都会产生误差。这种误差可能会造成机器学习无法进行。

折中关系

人们要想提高精度，就需要同时缩小偏差和方差，这中间存在“折中”关系。要想缩小偏差，就需要构建复杂的模型，此时方差就会变大。反之，要想缩小方差，就需要构建简单的模型，此时偏差就会变大。因此，**偏差与方差平衡的模型最为理想**。

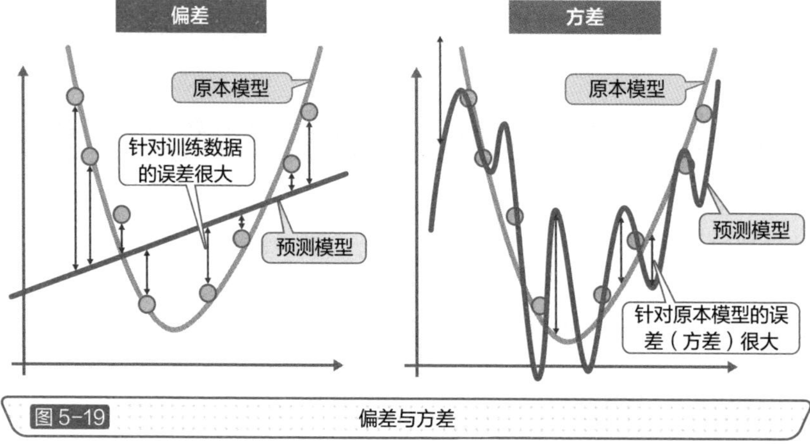

图 5-19 偏差与方差

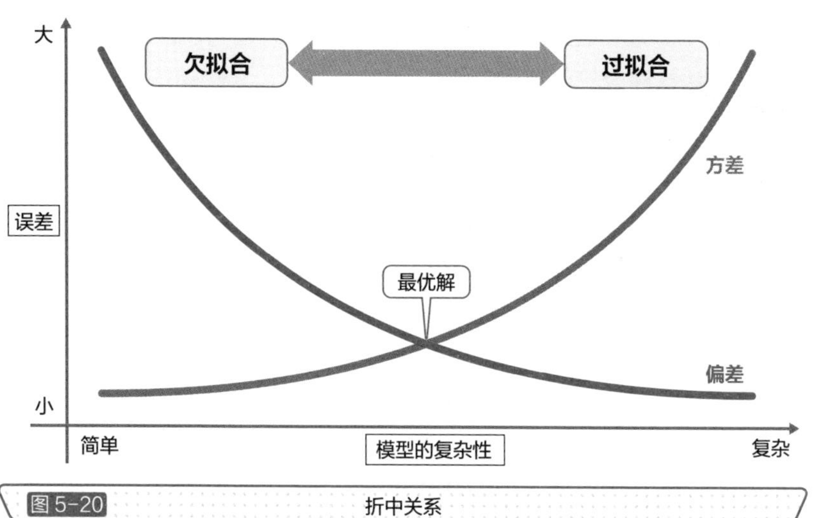

图 5-20 折中关系

要点

- 预测值与真实值之间的误差较大时，我们可以做出未能利用训练数据实现学习的判断。
- 方差较大时，可以做出过拟合的判断。
- 偏差与方差处于折中关系，人们追求的是平衡关系良好的模型。

防止过拟合的对策

在上一节讲述偏差-方差分解的时候，我曾经说过模型过于复杂有可能造成过拟合的发生。在模型的算式中，系数越大，就会造成过于完美匹配测试数据的情形。

在回归分析中，思考 $y=ax+b$ 的模型时，如果系数 a 过大，b 的数值基本上会被无视。如同 $y=ax^2+b+c$ 所表达的那样，增加系数的时候，特定系数如果过大，亦被视为有问题。

我们仅仅通过最小二乘法来最小化误差时，只考虑与直线方程的距离就足够了。这种通过损失函数来防止特定系数过大，进而防止过拟合发生的方法被称为“正则化”（图 5-21）。

拉索回归与岭回归

常用的正则化方法是拉索回归（L1 正则化）和岭回归（L2 正则化）（图 5-22）。拉索回归是在最小二乘法算式中添加曼哈顿距离的正则化项，计算绝对值的方法。例如，如果在回归式 $y=w_1x+w_2$ 中添加正则化项，人们就会使用下面的损失函数。

$$E(w)=\frac{1}{2}\sum_{i=1}^{N}(w_1x_i+w_2-y_i)^2+\lambda(|w_1|+|w_2|)$$

岭回归是在最小二乘法算式中添加欧几里得距离的正则化项，计算平方和的平方根的方法。例如，如果在回归式 $y=w_1x+w_2$ 中添加正则化项，人们就会使用下面的损失函数。

$$E(w)=\frac{1}{2}\sum_{i=1}^{N}(w_1x_i+w_2-y_i)^2+\lambda(\sqrt{w_1+w_2})$$

人们通过添加正则化项，不仅可以实现算式前半部分误差的最小化，还可以通过调整让算式后半部分的正则化项不会变得太大，**这就可以防止过拟合的发生。**

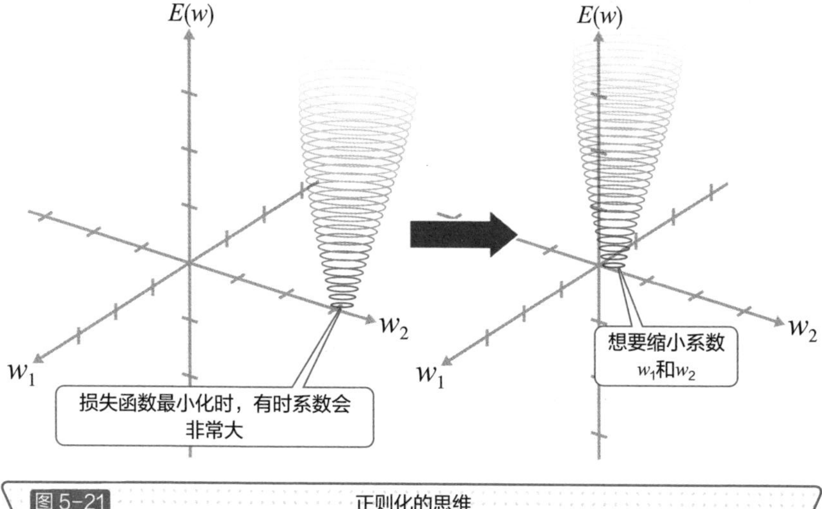

图 5-21 正则化的思维

拉索回归

w_2

最小二乘法的误差

w_1

正则化项

岭回归

w_2

最小二乘法的误差

w_1

正则化项

图 5-22 拉索回归与岭回归

要点

- 正则化方法包括拉索回归、岭回归等。
- 添加正则化项时，系数越大损失函数会越大。因此，可以通过添加正则化项，防止过拟合的发生。

5-10 分成多个组

非层次聚类

收集相似的数据将其分成多个组（簇），这被称为“聚类”，聚类可分为分层次聚类和非层次聚类。在非层次聚类中，k **均值算法**（k-means 法）比较有名。

这是一种在最初划分 k 个簇之后，通过反复计算各个簇的平均值（重心），就能自动形成分组的机制。对于簇的数量已定的分组，这种方法非常有效。

尝试k均值算法

那么，让我们使用 k 均值算法尝试一下聚类吧。假设我们手上有图 5-23 左图所示的 10 家店铺的数据。查看各家店铺的销售数量时，我们会发现有些店铺平日的销售数量多，有些店铺则是休息日的销售数量多。我们可以用图 5-23 右图的散点图将这种情形展示出来。

我们使用 k 均值算法将数据分为三个簇。作为初始值，我们为各个数据分配簇编号（此次为记号●、▲、■）。接下来，算出各簇的平均值（重心），作为各簇的中心（图 5-24 左图）。

针对各个点，我们选择与中心距离最近（接近于平均值）的簇，分配簇记号。在各个簇中，算出平均值，作为新的簇的中心。

通过这样的反复操作，分配给各个簇的记号就会慢慢发生变化，所有店铺的簇记号都停止变化时，处理就结束了。结果如图 5-24 右图所示。

使用 k 均值算法时，如果数据分布存在偏差，有时会无法进行正确的聚类。作为改善的方法，人们有时会使用 k-means++ 法。

休息日	平日的销售数量	休息日的销售数量
A	10	20
B	20	40
C	30	10
D	40	30
E	50	60
F	60	40
G	70	10
H	80	60
I	80	20
J	90	30

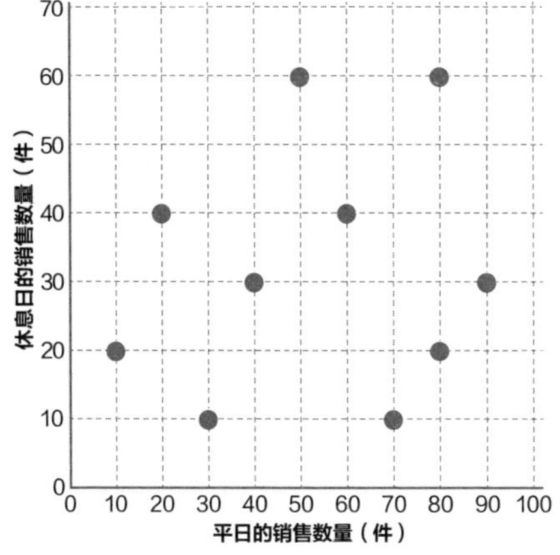

图 5-23 销售数量的数据

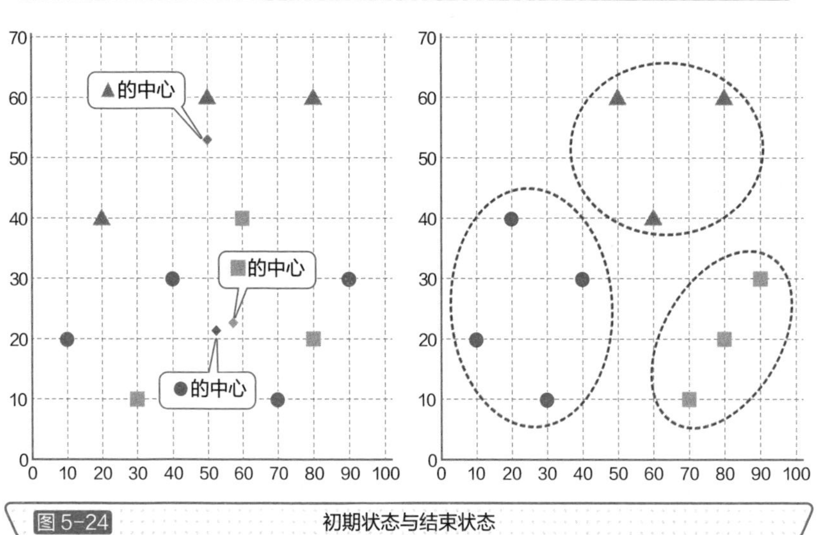

图 5-24 初期状态与结束状态

要点

- 聚类是收集相似的数据将其分为数组的方法，聚类可分为分层次聚类和非层次聚类。
- k 均值算法属于非层次聚类的方法。采用这种方法，人们最初会指定簇的数量，将各个数据归入相应的簇。

5-11 划分为任意个簇

分层次聚类、Ward 法、最短距离法、最长距离法

通过分层自由创建簇

采用 k 均值算法时，需要事先确定簇的数量。在不知道有多少个簇的时候，人们会使用“分层次聚类”。我们可以将上一节中图 5-23 的数据，用图 5-25 的树形图那样的分层图表示出来。

首先，从零散状态开始，对相似的数据进行分组。这样的分组操作会不断重复，直至所有数据的分组完成，形成一个树形图。通过在树形图中指定高度并横向切割，就可以得到任意数量的簇。

分层次聚类的方法

在聚类中，人们需要各种各样的判断“相似”的标准。此时，作为计算点与点之间距离的方法，人们会使用 Ward 法、最短距离法、最长距离法等。

Ward 法是在对簇进行合并的时候，对方差做对比的方法。它是在合并之前，求出各个簇的重心、重心与各个点之间的欧几里得距离，然后再求出合并后的重心及与各个点之间距离之差，最后对差最小的簇进行合并（图 5-26）。

最短距离法是将两个簇之间最近的数据之间的距离作为簇间距离，对其进行合并。如果簇中存在异常值，则在合并的时候可能将接近该异常值的数据进行合并。

最长距离法与最短距离法相反，是将簇的要素之间所有距离中最长的距离作为簇间距离的方法。如果存在异常值，也很容易受到影响（图 5-27）。

根据计算方法不同，聚类的结果会不同。因此，**根据数据的内容与种类，对使用哪种距离更好进行试错的工作必不可少。**

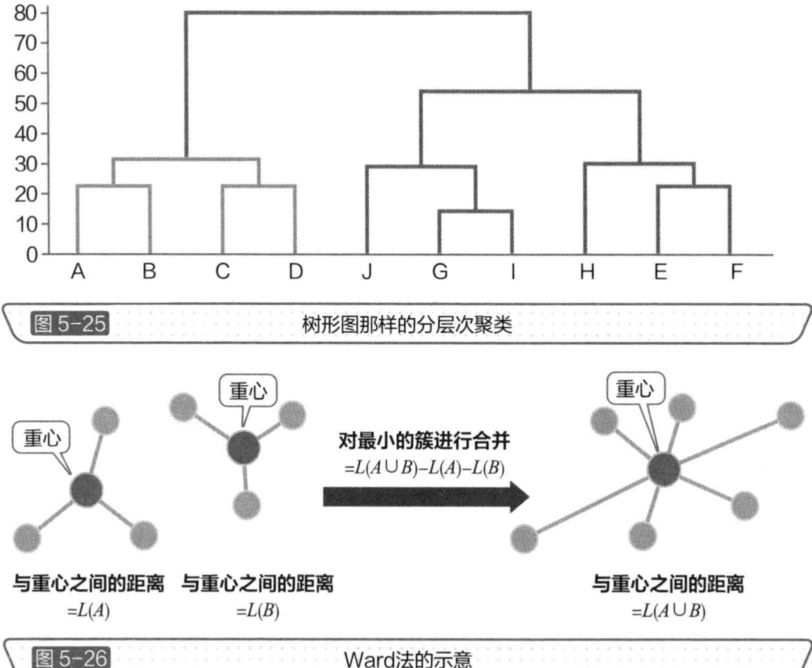

图 5-25 树形图那样的分层次聚类

图 5-26 Ward法的示意

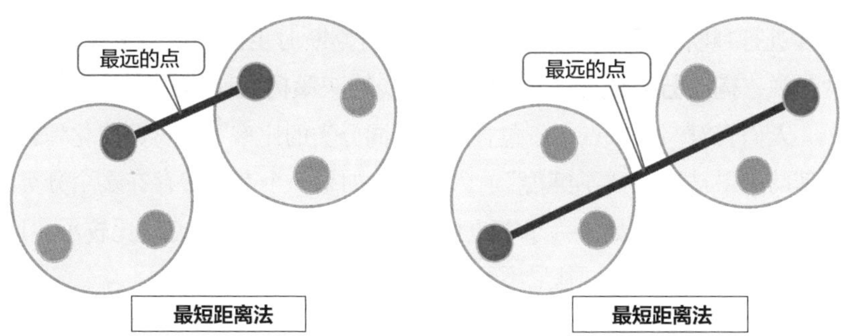

图 5-27 最短距离法与最长距离法

要点

- 在分层次聚类中，人们用树形图那样的图形分层次表示各簇。
- 人们采用的计算数据间距离的方法有 Ward 法、最短距离法、最长距离法等。

5-12 在树结构中学习

决策树、不纯度、信息增益

在纸上思考

如图 5-28 所示，决策树是一种在树结构的分支中设定条件，通过判断是否满足该条件来解决问题的方法。其机制是利用给出的数据，通过监督学习对设定的条件进行学习，尽可能采用规模小（分支少、深度浅）的决策树进行整齐的分割。

此时，分为多个组的决策树被称为分类树，用于对特定数值进行推测的决策树被称为回归树。构成决策树的具体算法有 ID3、C4.5、CART 等。

使用决策树有即使学习数据存在缺失值也能进行处理，无论是数值数据还是分类数据都能处理，可以实现预测根据的可视化等好处。

不纯度、信息增益

构建决策树的时候，如果能够得到相同结果，相比通过众多复杂的条件进行判断，通过少量的简单条件进行判断时更能实现快速处理。也就是说，**构建分支比较少，深度比较浅的决策树会比较理想。**

人们会对一个节点中所包含的“不同分类的比率”进行数值化处理，处理的结果被称为“不纯度”。人们认为如果一个节点中存在多个分类，不纯度就比较大，如果一个节点中只有一个分类，不纯度就比较小。计算不纯度的方法有熵、基尼不纯度等方法。

信息增益是一个根据分支对不纯度的变化进行判断的指标。父节点和子节点之间的不纯度之差为信息增益，如果根据分支能够整齐地进行划分，信息增益就会增大。

通过调整分支的条件，寻求信息增益分支大的树，可以构建更好的决策树。例如，我们可以使用基尼不纯度将图 5-28 所示的决策树分支的信息增益计算出来（图 5-29）。

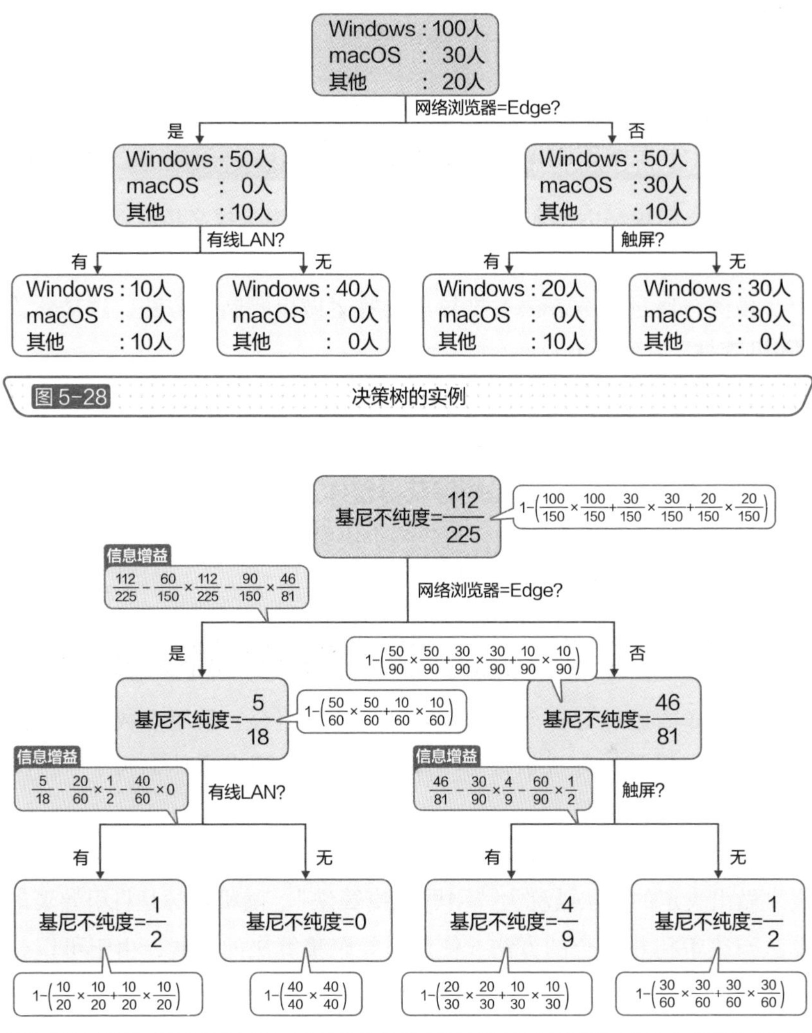

图 5-28 决策树的实例

图 5-29 通过基尼不纯度计算信息增益

要点

- 分为多个组的决策树被称为“分类树”，用于对特定数值进行推测的决策树被称为“回归树”。
- 在判定决策树优劣时，人们会使用不纯度、信息增益的数值。

5-13 使用多个人工智能进行多数表决

随机森林、集成学习、引导聚集算法、提升方法

通过多数表决做出决定

在分类和预测中，人们使用简单决策树，为了提高精度，人们也开展各种各样的研究。作为结果，人们开发出了令多个决策树分别进行学习、预测，通过多数表决对推导出的答案做出判断的方法，这被称为“**随机森林**”（图 5-30）。

在分类时人们会使用简单的多数表决方法，在预测时人们会使用求平均值的方法。**即使决策树的准确率比较低，人们通过使用多数表决、求平均值的方法，还是能够获得整体上均衡的结果**。这是一种简单的学习方法，但众所周知，与让一个决策树通过学习进行预测相比，这样的方法可以得到更好的结果。

通过多数表决构建好模型

像这样的通过对多个机器学习模型进行组合、采用多数表决方法来获得更好模型的方法被称为“**集成学习**”。随机森林也属于一种集成学习。

从多个样本中抽取数个样本，将其并列制成识别器，然后通过多数表决做出决定的方法被称为“**引导聚集算法**”。随机森林是将引导聚集算法与决策树相结合的方法。使用引导聚集算法的时候，由于可以分别进行独立运行，所以可以完成并列处理。“**提升方法**”是基于其他决策树的预测结果，以获得接近正确的结果为目的进行调整的方法（图 5-31）。使用提升方法的时候，虽然无法进行并列处理，但还是有可能获得精度更高的结果。

在从事提升精度的专门研究时，这样的集成学习非常便于使用，但是在运用于实际工作中时，有时需要花费过多的时间。相比采用多数表决那样的方法，人们通过对模型的研究有可能实现性价比的提升。所以，**结合具体业务内容展开研究是必不可少的**。

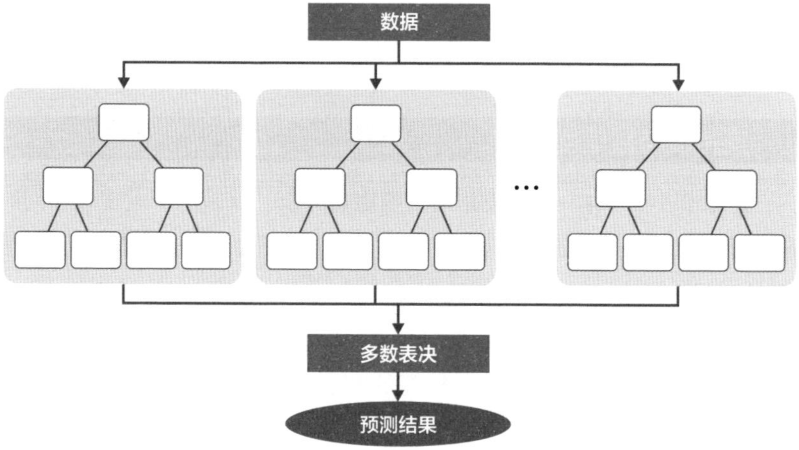

数据

…

多数表决

预测结果

图 5-30 进行多数表决的随机森林

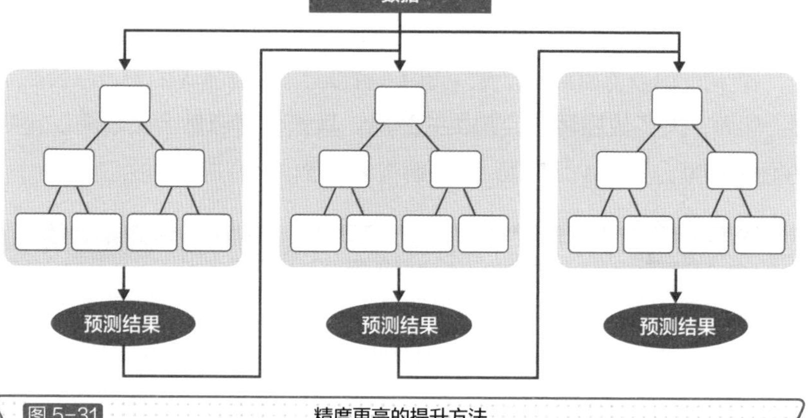

图 5-31 精度更高的提升方法

要点

- 利用随机森林，人们可以对多个决策树导出的结果进行多数表决，获得好的结果。
- 利用提升方法，人们有可能通过使用学习模型进行调整，获得更高的精度。

5-14 评价规则的指标

支持度、置信度、提升度

支持度与置信度

在章节 1–17 中，我曾经介绍过购物篮分析。这是一个发现顾客同时购买行为的手法。在这个分析方法中，人们使用的指标是支持度、置信度（可信度）、提升度（图 5–32）。

支持度是指所有顾客（购买者）中同时购买商品 A 和商品 B 的顾客的比率。也就是说，支持度比较高的商品组合就可以说是店铺的主要商品。

置信度是指购买了商品 A 的顾客中，同时购买了商品 B 的顾客的比率。例如，在某家书店，人们分析一部由上下卷构成的书籍的销售情况时，在所有购买者中同时购买了上卷和下卷的顾客的比率就是支持度，购买了上卷的顾客中同时购买了下卷的顾客的比率就是置信度。

置信度的数值如果比较大，我们就可以考虑在商品 A 的旁边陈列商品 B。然而，**大多数顾客都会购买的商品，其置信度自然会比较高。**比如在便利店里，如果 A 是盒饭，B 是购物袋，置信度高是必然的。

使用提升度对购买商品的顾客做对比

提升度是用来将“只购买了商品 B 的顾客”与“购买了商品 A 同时还购买了商品 B 的顾客”进行对比的指标。“只购买了商品 B 的顾客”的比率被称为“期望置信度”。通过这个期望置信度与置信度之比，我们就可以求得提升度。

提升度是代表购买商品 A 的行为能够在多大程度上提高购买商品 B 的行为的比率的数值。一般而言，提升度超过 1 表示顾客会在购买商品 B 时同时购买商品 A。也就是说，通过观察提升度的数值的大小，我们可以做出是否应该在商品 A 的旁边陈列商品 B 的判断（图 5–33）。

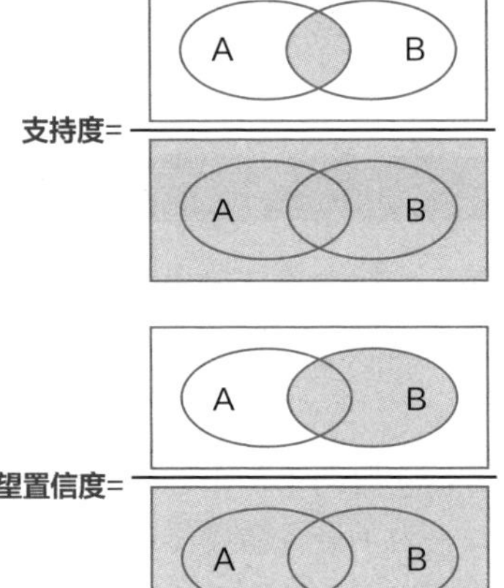

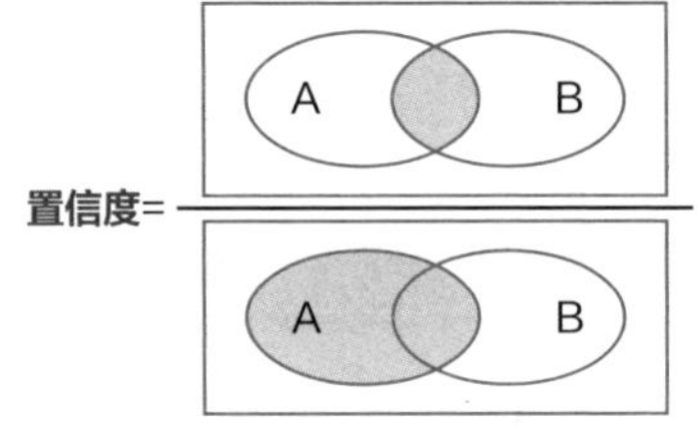

$$提升度=\frac{置信度}{期望置信度}$$

图 5-32 购物篮分析中的指标

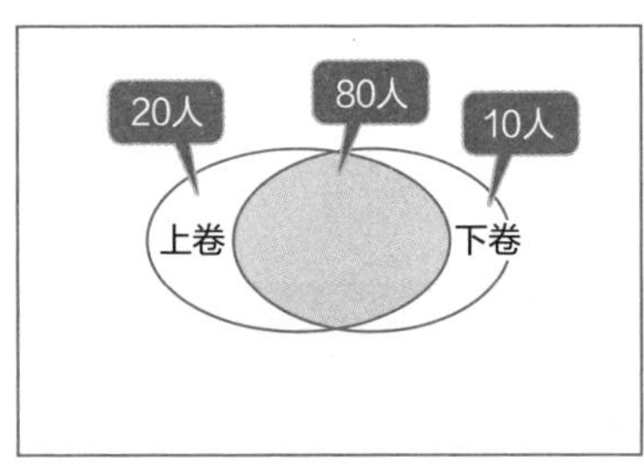

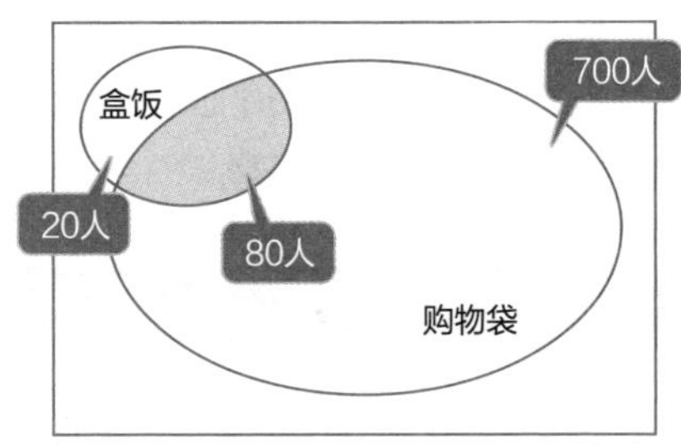

$$置信度=\frac{80}{100}=\mathbf{0.8}$$

$$提升度=\frac{\frac{80}{100}}{\frac{90}{100}}=\mathbf{0.8}$$

$$置信度=\frac{80}{100}=\mathbf{0.8}$$

$$提升度=\frac{\frac{80}{100}}{\frac{780}{100}}=\mathbf{0.1}$$

图 5-33 置信度与提升度的对比

要点

- 在购物篮分析中，人们会使用支持度、置信度、提升度等指标。
- 人们使用置信度对将什么样的商品陈列在附近顾客会同时购买的判断。

边界余量的最大化

支持向量机、超平面、硬余量、软余量

尽量在远处划界

通过聚类等将数据分为数组的时候，人们会关注分界线的划定方法。例如，在坐标平面上将数据分为两组时，我们可以如图 5–34 所示的那样划定分界线。

如果只是针对输入的数据进行分组，如何划定都不会产生什么问题。但是，在针对非学习数据的未知数据时，为了进行精度尽可能高的分类，在尽量远离各点的地方划界会比较好。

“**支持向量机**”是一种实现分界线到与其最近数据之间距离最大化的方法。这种思维被称为“余量最大化”。

此外，如果分界时采用二维方式，可以用直线、曲线来表示；如果采用三维方式，可以用平面、曲面进行分隔；如果采用超过三维的方式，就用“**超平面**”进行分隔。

硬余量与软余量

我们如果能够清晰地划界，那是比较理想的。然而在现实中，由于数据中存在噪声和错误，能够清晰地进行划界的情况并不多。也就是说，我们**在某种程度上需要进行妥协**。

在能够清晰地将数据分为两组时，设定余量的方法被称为“**硬余量**”。如果是包含噪声等的数据，在无法清晰地进行划分时，有可能会造成过拟合，也存在原本就无法划分的情况（图 5–35 左图）。

在划分的时候，遇到无法对所有数据完全进行划分的情况时，接受一定的错误的方法被称为“**软余量**”。使用这样的方法，就可以形成简单的模型，发挥防止过拟合的问题（图 5–35 右图）。

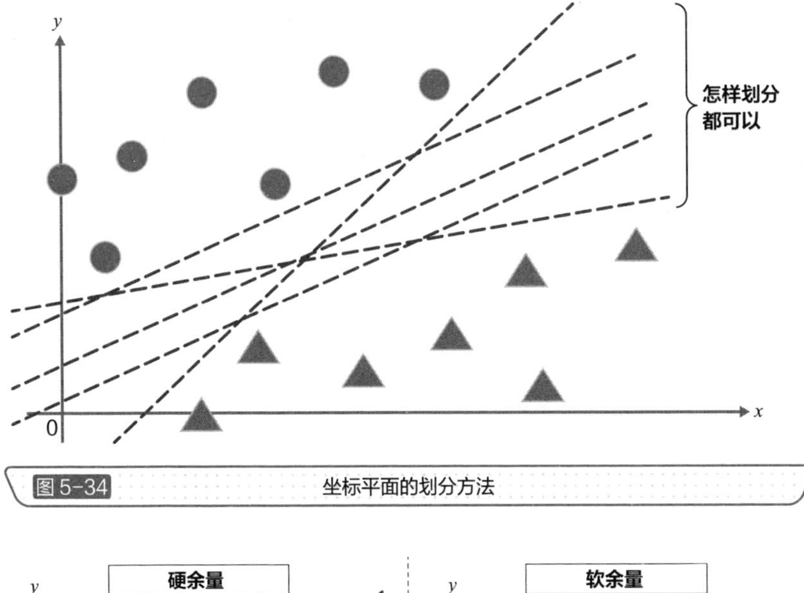

图 5-34 坐标平面的划分方法

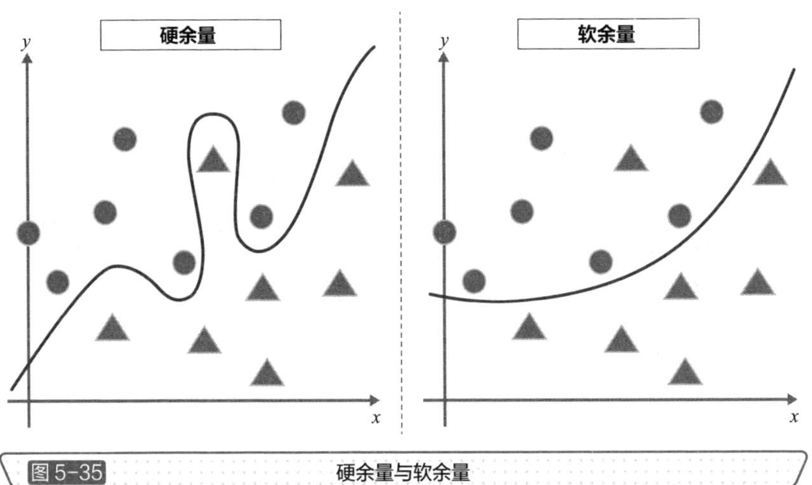

图 5-35 硬余量与软余量

要点

- 支持向量机是一种实现分界线到与其最近数据之间距离最大化的方法。
- 硬余量和软余量是为数据划界的方法。

5-16 进行自动的机器学习

自动化机器学习、可解释性人工智能

对机器学习的一部分实施自动化

如果考虑到机器学习在商务领域的应用，我们需要从适用领域、问题的设定入手，在数据收集、加工、模型设计、训练数据学习、评价、运用等领域做许许多多的工作。要做好这些领域的工作，人们既要掌握专业知识，又要花费时间和费用。这些工作如果在某种程度上能实现自动化，就能减轻分析人员的负担，让其更专注于本来的工作。

自动化机器学习就是一种在这些领域尽量追求自动化的思维。当然，设定问题、收集数据等工作必须由人来完成，**数据加工、模型设计、基于训练数据的学习等工作的一部分是可以实现自动化的**（图 5–36）。

为了提高精度，人们需要在一点一点地更改模型参数的同时，反复进行运行和调整的工作。相比人类，计算机能够更为高效地处理这些工作。于是，自动化机器学习得到了应用。

能够对人工智能的处理内容做出说明

在神经网络、深度学习中，**即使获得了好的学习结果，人类不了解参数含义的情况也并不少见。**也就是说，我们并不知道为什么在精度高的时候能够得到好的结果。这样的话，我们无法对顾客、领导做出说明。如果对于根据的说明缺乏说服力，我们很难在商业领域应用这样的结果。如果是决策树的话，我们在某种程度上能够对条件和参数的含义做出说明，但面对使用自动化机器学习得到的结果，我们要是不了解得到这样的结果的理由，那实在是一件令人头疼的事。

于是，可解释性人工智能技术引起了人们的关注。人们针对对模型预测具有重要意义的特征量等的可视化、让其他模型学习面向人类的解释方法等各种方法展开了研究（图 5–37）。

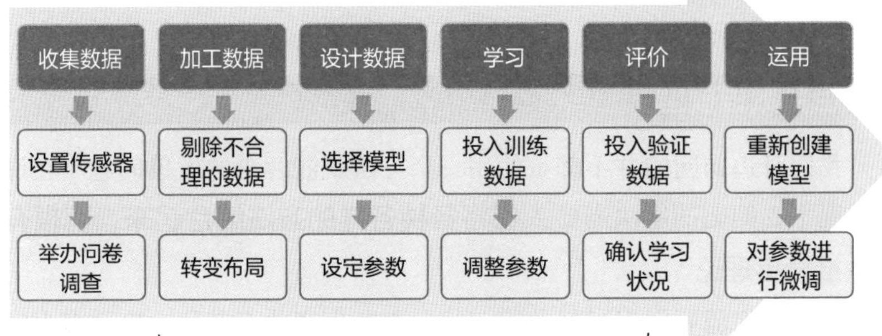

图 5-36 机器学习阶段一部分工作的自动化

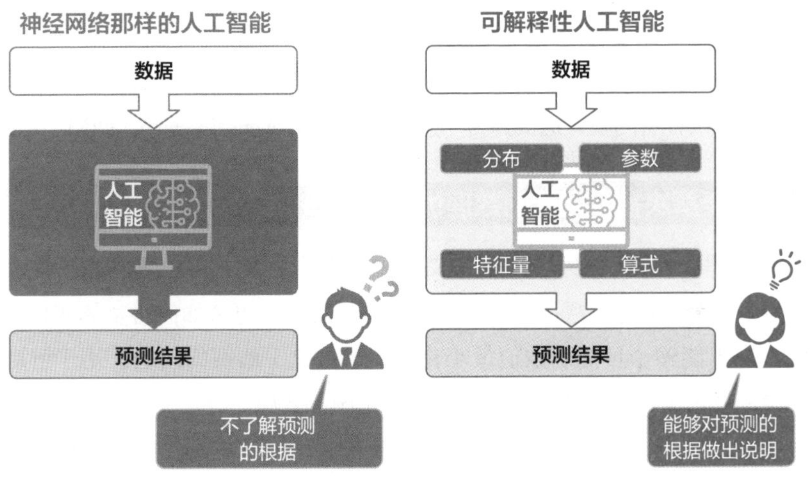

图 5-37 可了解结果背后的理由的可解释人工智能

要点

- 引入自动化机器学习的思维，实现机器学习阶段的一部分工作的自动化，可能会有助于减轻人们的工作负担。
- 作为便于人类了解模型预测根据的方法，可解释性人工智能备受关注。

组合数理模型

我们身边的问题并不都是使用一个方法就能解决的简单问题。在许多情况下，问题的解决需要**人们将各种各样的方法结合起来，有根有据地推导出理论**。

如果我们需要根据材料的库存状况判断生产什么产品、生产多少的时候，可以利用图 5–38 所示的算式和图形。像这种程度的问题，我们通过手工作业就可以解决，但是更多的实际问题，则需要利用程序进行计算。

在超市里出现顾客排长队等待结账的问题时，为了顺利地完成结账工作，超市方面需要将队列、概率分布、叉式排队等各种方法结合在一起。

因此，人们将线性规划法、队列理论、游戏理论等多个数理模型结合在一起解决社会问题，这被称为“运筹学”（Operations Research，OR）。

用于解决社会问题的数理优化

数理优化是运筹学的中心课题。数理优化问题又被称为“数学规划问题”。数学规划问题是在满足制约条件的解中，思考如何对整体实现最优，求出能够令目标函数值最小化（或最大化）的解的问题。用于解决此类问题的方法被称为“数理设计法”（图 5–39）。

在现实中，不确定性会带来各种变化。所以，现实按照理想的模型展开的情况基本上不存在。例如，我们在制订生产计划时，会遇到天气、活动等因素引起的需求变化。我们在某种程度上可以对需求做出预测，但是预测值如果过大就会遭遇供应过剩，预测值如果过小就会遭遇供应不足。

所以，人们需要在思考这些不确定因素的基础上再做决策。此时，人们会使用概率设计法，这是一种引入概率参数的方法。

配方与售价

商品	小麦粉（克）	牛奶（克）	售价（日元）
煎饼	100	200	400
松饼	150	150	400

材料库存情况如下时，为了实现销售额最大化，应该生产多少煎饼、松饼？

- 小麦粉：9000克　● 牛奶：12000克

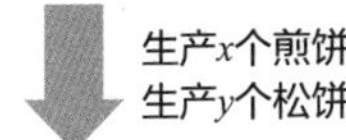

条件　$=100x+150y \leqslant 9000$
$=200x+150y \leqslant 12000$。
x, y是包含0在内的自然数

最大化算式　$500x+400y=?$

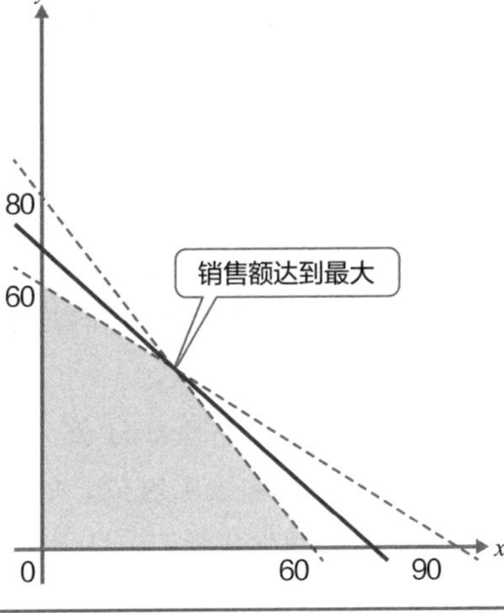

图 5-38　根据多个条件求出最优解（线性规划法）

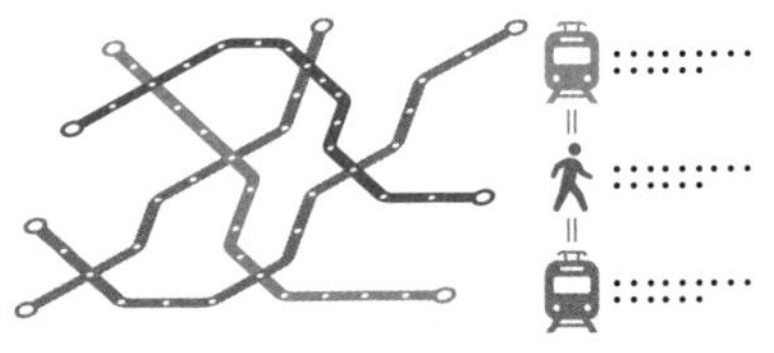

在路线图中求出最短路径
（追求最快的到达时间）

向包里放行李
（追求重量的最大化）

配置临时工
（将生产所需时间压缩为最短）

在学校分班
（尽量减少关系不和谐的二人组合）

图 5-39　通过数理优化追求最佳

要点

- 人们运用运筹学将多个方法结合起来解决问题。
- 数理优化问题又称为“数学规划问题”，是指在满足制约条件的解中，求出能够令目标函数值最小化（或最大化）的解的问题。

试一试　查找一下最新的论文吧

在第 5 章中，我为各位介绍了多种机器学习等人工智能相关的方法。伴随人工智能的不断进步，新技术不断涌现。因此，我们要想把握人工智能，就必须阅读相关的最新论文。

我在这里向各位介绍一下使用“Google Scholar（https://scholar.google.co.jp）”查找论文的方法。

各位打开 Google Scholar 就会看到通常的 Google 搜索那样的搜索栏。在这里，各位请输入关键词。如果各位想要了解强化学习方面的知识，可以尝试输入“强化学习”“Reinforcement Learning”等词语。

各位在出现的画面上指定时间段，跟踪出处的链接，就能一篇接一篇地查看新论文了。请各位一定要尝试找一找自己感兴趣的论文。

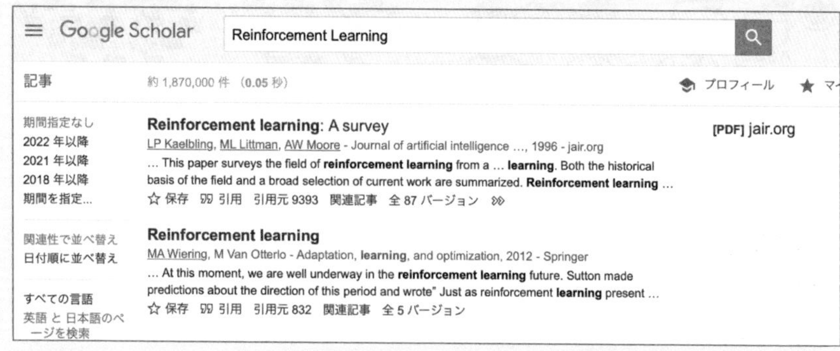

第6章 有关安全与隐私的问题

—数据社会将走向何方—

6-1 处理数据时必须遵守道德

置身于信息社会中必须恪守伦理与道德

在信息社会中，为了不伤害、骚扰他人，我们必须遵守信息伦理。法律上规定的是“不能做的事”，伦理上规定的则是“应该采取的行为”（图 6–1）。

有关信息伦理，理查德·西弗森（Richard Severson）提出了信息伦理四原则。这四个原则是“尊重知识产权”“尊重个人隐私”“公正地公示信息”“不危害他人”。在内容上，四原则有与法律重叠的部分，但是相比法律，四原则对于人们的自律性要求更高。

有个名词叫作“信息道德”，与“信息伦理”一词非常相似。信息道德指人们在信息社会中采取各种行为时的恰当的想法与态度，与通常所说的“道德”的思维是一样的。比如，“不给别人添麻烦”“不给别人带来不愉快”等。

数据处理人员必须恪守的伦理观

在处理数据的时候，人们必须遵守“数据伦理”。对于企业而言，通过收集、处理数据可以获得各种各样的好处，但是如果使用不当也会令他人感到不快。

有个广为人知的词叫作“特征分析”，例如警方在犯罪调查中，通过对嫌犯特征做科学分析进而锁定嫌犯，人们在对顾客的购买行为进行预测的时候，也可以使用同样的手法。

用户浏览网页时，经常会看到系统根据自己的历史行为等推送的广告。用户如果感到自己被过度追踪、收到过多的预测信息的时候，就会在个人隐私方面感到不安。

在使用智能扬声器时，如果日常的对话也会被录音、受到分析，用户会出于不安而不敢使用。**分析数据时，即使从技术上没有问题，分析人员也需要恪守伦理**（图 6–2）。

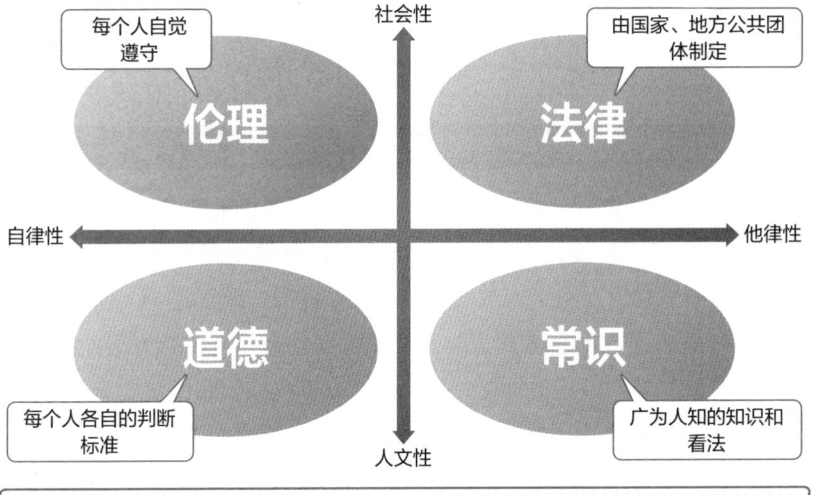

图 6-1 伦理与法律、道德、常识之间的关系

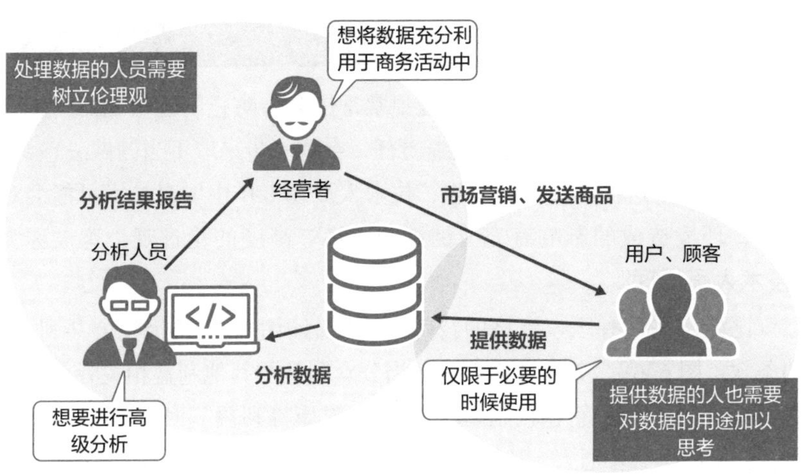

图 6-2 数据伦理的示意

要点

- 在信息社会中，每个人需要自觉地遵守信息伦理、信息道德。
- 处理信息的人员需要恪守数据伦理等伦理观。

6–2 数据可靠性堪忧

统计数据被故意篡改的风险

如今，调查公司、政府机构都会发布各种各样的统计数据。人们通过阅读这些定期收集、汇总的统计数据可以便捷地把握社会上的变化。但是，这些数据有时会被人故意篡改，这被称为“统计造假”（表 6–1）。

不只是基础数据会被人篡改，统计数据也会伴随汇总方法的随意变更而被篡改。遇到这样的情况，用户无从分辨数据的真伪。

统计数据会被用于制定政府预算，所以其数值如果不可信，所造成的影响是巨大的。**统计造假一旦被发现，就会造成调查结果不可信，给国家、民营企业的事业规划等造成重大影响。**

技术人员需要恪守的伦理

除了统计造假问题，统计过程中常常还会为防止问题曝光而产生隐瞒行为。也就是说，人们为了逃避责任，会进一步采取不当的做法。

为了防止这样的问题的发生，技术人员在工作中要对技术可能会对社会、环境造成的影响有充分的认识，恪守高度的伦理观，这被称为“技术人员伦理”。

比如，在具有国家资格的技师的伦理纲领中就有“优先公共利益”的条款（图 6–3）。其具体内容为“当公众利益与其他利益相关者之间产生对立时，必须最优先保护公众的安全、健康等利益”。所谓“公众”是指社会上的每个普通人。这个条款的意思是，不能够以自己所在公司的利益、客户的利益等组织的利益为先，而应该以整个社会的利益为先。技术人员不得为了公司的利益而捏造数据，必须树立维护公共利益的意识。

表 6-1 日本统计造假的实例

被发现的时间	主管单位	数据内容
2021年12月	日本国土交通省	建筑工程招标动态统计
2019年2月	日本总务省	零售物价统计（大阪府）
2019年1月	日本厚生劳动省	工资结构基础统计
2018年12月	日本厚生劳动省	每月劳动统计
2016年12月	日本经济产业省	纤维流通统计
2015年6月	日本总务省	零售物价统计（高知县）

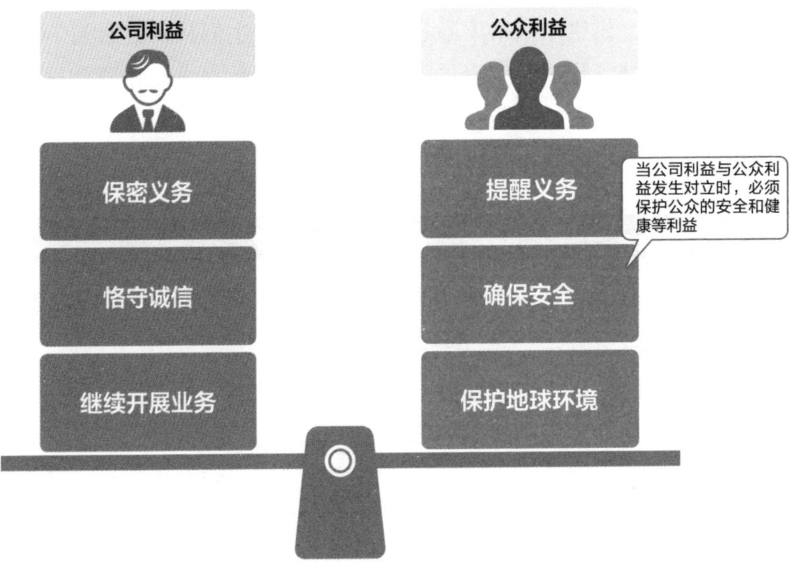

图 6-3 技术人员伦理中的公众利益优先原则

要点

- 统计造假会造成调查结果不可信，给国家、民营企业的事业规划等造成重大影响。
- 当公司利益与公众利益发生对立时，负责业务的技术人员需要高度恪守伦理观。

6–3 错误认识导致精度下降

数据偏差、算法偏差

对于数据的臆想

数据收集者、数据分析人员在抱有偏见、臆想、误解等的状态下收集的数据所引起的误差称为“数据偏差”（图 6–4）。

比如，我们想要求出全国中学二年级学生身高的平均值的时候，通过收集某所中学二年级学生的数据，可以得到具有较高精度的全国中学二年级学生身高的平均值。然而，我们按照同样做法收集某所中学二年级学生交通费的平均值的时候，得到的数据可能与全国平均值相去甚远。

那是因为，相比东京市中心和其他地区，学生们从自己家到学校的距离不同，上补习班的频率也可能不同。当然，私立学校和公立学校之间也会有差别。这种情况与身高数据的情况大为不同。所以，我们在收集数据时，对于数据中的偏差必须引起重视。

算法偏差产生于“偏差”

在机器学习中由于使用存在偏差的数据，导致做出有偏差的答案的状态被称为“算法偏差”（图 6–5）。

如果我们向只学习过男性数据的人工智能输入有关女性的数据，就可能会得到与我们预测结果不同的结果。这样的问题不只是会在不同性别之间发生，在不同国家之间、不同年龄之间、不同职业之间同样会发生。同样的道理，我们向只学过动物数据的人工智能输入植物数据也同样得不到好的结果。

如同在研究所等良好的环境中学习过的人工智能一旦被放到商务第一线就会因为受到过多噪声的干扰而被判断为毫无用处一样，我们仅用手上的数据让人工智能学习，在实际使用人工智能时发现人工智能根本没用的情况也是比比皆是。所以，我们需要尽可能地使用能够在实际运行的环境中获取数据的、与第一线的计算机具有相同结构的计算机。

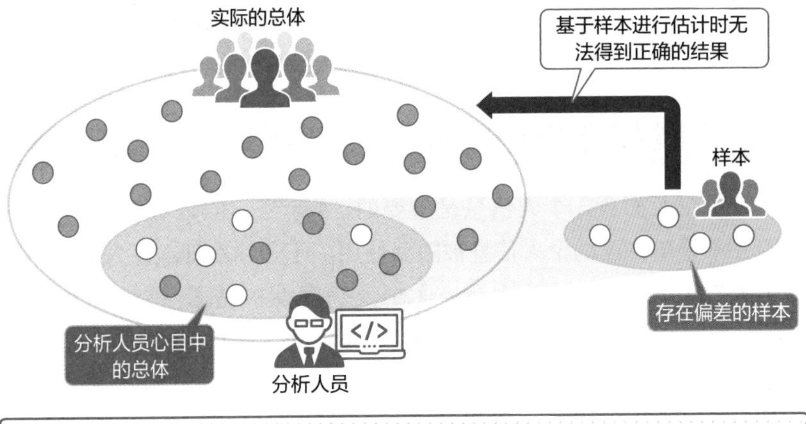

图 6-4 由臆想产生的数据偏差

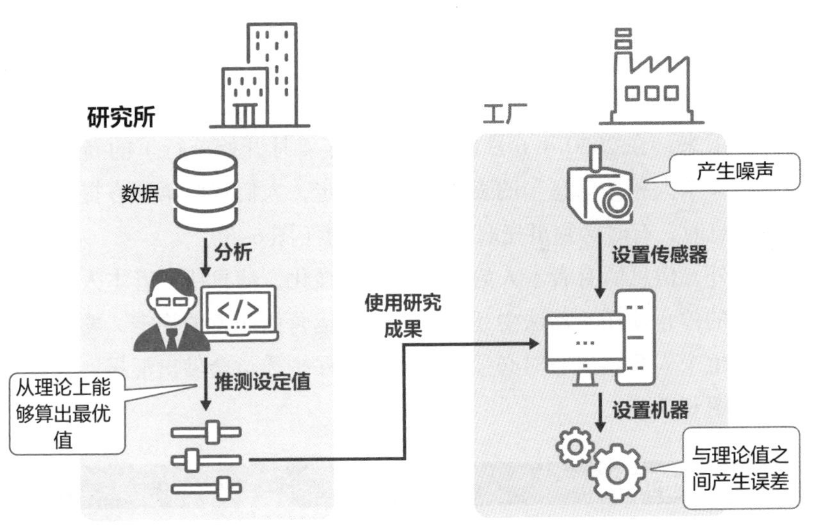

图 6-5 算法偏差产生于“偏差”

要点

- 如果存在数据偏差，分析的结果就有可能不正确。
- 如果存在算法偏差，可能会造成算法的无用。

6-4 在日本对于个人信息的处理

个人信息保护法、P 认证

个人信息保护法的修改

对于企业而言，个人信息是重要的“财产”，但是对于个人而言，他们并不希望自己的个人信息被随意使用。于是，在日本，为了保护和妥善处理个人信息，政府出台了《个人信息保护法》。该法于 2003 年 5 月公布，于 2005 年 4 月开始施行。该法对“个人信息”一词做出了定义。

在 2015 年 9 月做出修改（2017 年 5 月开始施行）的新《个人信息保护法》中，进一步明确了个人信息的定义，并加入了个人信息的一般使用与充分利用的内容。具体而言，在个人信息的定义中，添加了“含个人识别符号的事物”的描述和“需谨慎对待个人信息”的表述，要求人们谨慎对待“人种”“信条”“病历”等信息。

接下来，在 2020 年 6 月修改（2022 年 4 月开始施行）的新法中又加入了“个人相关信息”的表述。按照规定，人们在向第三方提供个人相关信息时，有时必须事先取得本人的同意（图 6–6）。

此外，信息所有者本人的请求权得到强化，信息所有者本人可以申请信息的停止使用。新法中还加入了关于运营商职责的规定，要求运营商在发生个人数据泄露时必须向个人信息保护委员会做出汇报，并通知本人（图 6–7）。

P认证的意义

企业到底是如何管理个人信息的，对于用户而言是难以了解的。于是，日本建立了 P 认证制度，这是一种向被认定已经具备完善的个人信息保护体系的运营商提供认证的制度。

获得 P 认证的运营商通过在名片、宣传册、网站等使用 P 认证标识，能够给用户带来安心感。用户每次看到 P 认证标识时，也会加强自己的个人信息保护意识。

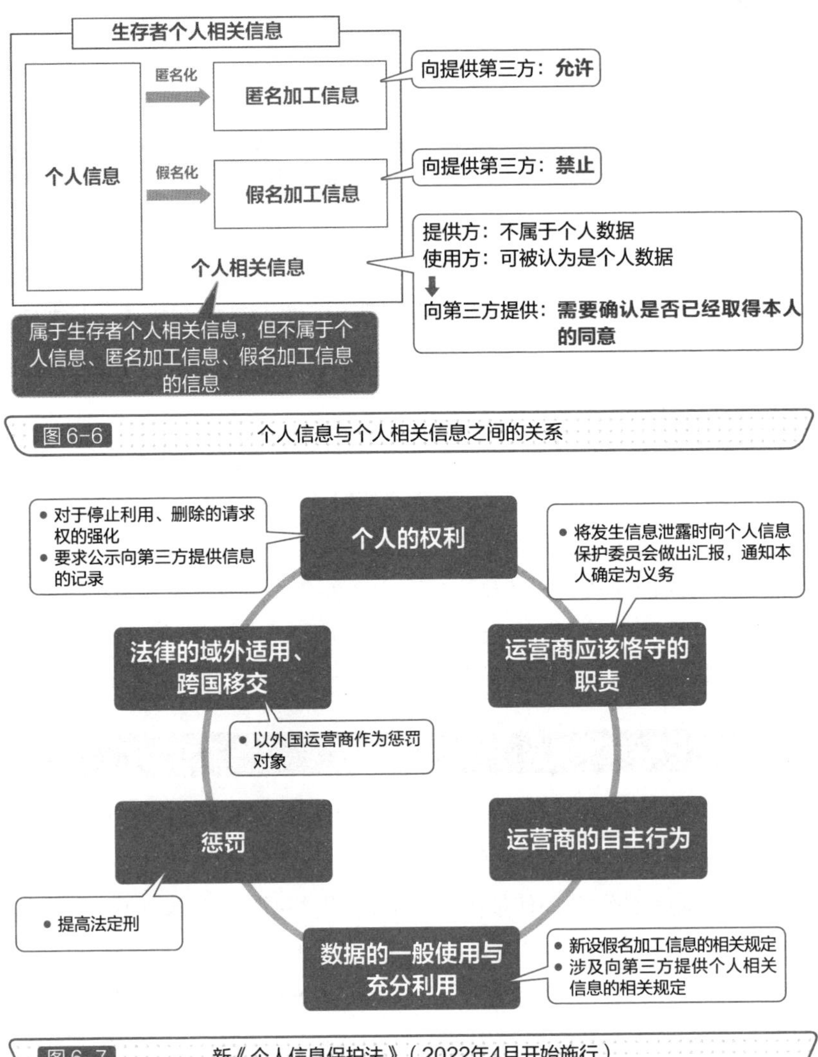

图 6-6 个人信息与个人相关信息之间的关系

图 6-7 新《个人信息保护法》（2022年4月开始施行）

要点

- 日本在 2022 年 4 月开始施行的新《个人信息保护法》中加入了有关个人相关信息的规定。
- 被授予“P 认证”的运营商是指被认定已经具备完善的个人信息保护体系的运营商。

6-5 在海外对于个人信息的处理

GDPR、CCPA

世界范围内对于妥善管理个人信息的呼声

欧盟版的《个人信息保护法》被称为“GDPR”，被翻译为“通用数据保护条例”。在欧盟，不只是从事商业活动的企业会受到 GDPR 的影响。按照 GDPR 的规定，**即使组织的活动基地不在欧盟境内（比如在日本），如果欧盟居住者能够注册其网络服务的话，其个人数据也必须得到妥善处理**（图 6–8）。

在欧盟，所有人出于“控制、加强保护”其个人数据的目的，被赋予了了解其数据是否受到侵害，并在必要时要求删除数据的权利。

在欧盟，对于个人数据相关违法行为的罚款具有金额巨大的特点。即使只是轻度的违法行为，最高罚款金额也会达到企业全球年销售额的 2% 或者 1000 万欧元中的金额高的一方的水平。如果侵权行为确凿无疑，罚款金额将达到上述金额的两倍。

从CCPA到CPRA

除了欧盟的 GDPR，作为以美国加利福尼亚州居民为对象的个人数据保护相关的法律——CCPA 也颇为有名，CCPA 被翻译为“加利福尼亚州消费者隐私法”①。即使是在日本提供的网络服务，如果加利福尼亚州居民可以注册会员的话，对于其个人数据的处理也必须引起注意。

比如，人们想要将 **Cookie、IP 网址之类的数据用于分析的时候，因为根据这些个人数据是可以锁定特定的个人，所以必须将其视为个人数据加以处理。**

日本的《个人信息保护法》、欧盟的 GDPR 将能够识别个人的信息作为保护对象。CCPA 在此基础上，将能够识别家庭的信息也设定为保护对象。人们被赋予了拒绝向第三方公开、销售已收集数据的权利。如今在世界范围内，加强隐私保护的潮流势头迅猛（表 6–2）。

---

① 从 2023 年 1 月开始变更为 CPRA。

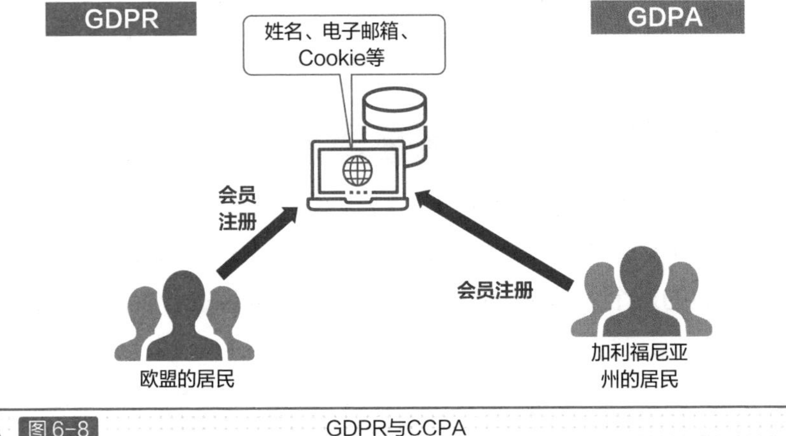

图 6-8 GDPR与CCPA

表 6-2 世界范围内加强隐私保护的动向

主体	内容	制定（修改）
日本	个人信息保护法	2022年4月施行
欧盟	GDPR	2018年5月施行
美国加利福尼亚州	CCPA	2020年1月施行
	CPRA	2023年1月施行
美国弗吉尼亚州	VCDPA	2023年1月施行
中国	CSL、DSL、PIPL	2021年11月施行
巴西	LGPD	2020年8月施行
新加坡	PDPA	2021年2月施行
泰国	PDPA	2022年6月施行

要点

- GDPR 出台的目的在于对欧盟范围内所有个人的个人数据实施保护。
- CCPA 出台的目的在于对加利福尼亚州居民的个人数据实施保护，CCPA 将能够识别家庭的信息也设定为了保护对象。

6-6 对个人信息的充分利用进行思考

假名化、匿名化、k– 匿名化

匿名化与假名化

在大多数情况下，企业生产消费者所需的商品时不需要消费者的个人信息，有统计数据、匿名数据就足够了。于是，**以无法识别特定的个人为目的对个人信息进行加工、实施无法复原的分析的方法就出现了**。

这种被加工过的个人信息可分为假名加工信息、匿名加工信息。虽然这些都是用于数据分析的信息，但是其使用范围和处理方法并不相同。

假名加工信息是指通过对个人信息的加工得到的、如果不对照其他信息就无法识别特定个人的信息，这种加工被称为“假名化”（图 6–9）。在需要为特定目的进行公开时，假名加工数据可以作为内部分析数据使用，向第三方提供该数据时会受到限制。

而匿名加工信息则是通过对个人信息的加工得到的无法识别特定个人的、无法复原的信息，这种加工被称为“匿名化”。制作匿名加工信息、将匿名加工信息提供给第三方时，必须公开包含在匿名加工信息中的有关个人的项目。另外，如果加工信息的目的是制作统计信息，那就无须进行公示了。

以无法识别特定个人为目的进行加工

人们在制作匿名加工信息的时候，为了达到无法识别特定个人的目的，会删除包含在个人信息中的部分描述和所有个人识别符号。*k*– 匿名化就是其中的一种方法。

k– 匿名化是令具有相同属性的数据的数量达到 *k* 个以上[①]的转换方法。例如将图 6–10 左图所示的数据转换为图 6–10 右图所示的数据时，数据中的人们就变得彼此没有区别了。

① 通常使用大于 k=3 的数值。

姓名	电子邮箱	年龄	回答1	回答2
山田太郎	t_yamada@example.com	31	非常好	好
铃木花子	h_suzuki@example.co.jp	28	好	一般
佐藤三郎	s_sato@example.org	45	非常好	一般
…	…	…	…	…

顾客ID	住址ID	年龄	回答1	回答2
87371	382998	31	5	4
42895	420135	28	4	3
50968	671109	45	5	3
…	…	…	…	…

用于数据分析

经过假名化处理的数据

顾客ID	姓名	住址ID	电子邮箱
…	…	…	…
42895	铃木花子	382998	t_yamada@example.com5
…	…	…	…
50968	佐藤三郎	420135	h_suzuki@example.co.jp
…	…	…	…
87371	山田太郎	671109	s_sato@example.org5
…	…	…	…

对能够锁定特定个人的信息进行保密

图6-9 如果不对照其他信息就无法锁定特定个人的假名化

住址	性别	年龄	…
东京都文京区后乐1丁目3-61	男	32	…
东京都文京区春日1丁目16-21	男	39	…
东京都文京区本乡7丁目3-1	男	33	…
东京都墨田区押上1丁目1-2	女	45	…
东京都墨田区横纲1丁目3-28	女	41	…
东京都墨田区吾妻桥1丁目23-20	女	44	…
东京都台东区浅草2丁目28-1	男	28	…
东京都台东区浅草2丁目3-1	男	22	…
东京都台东区东上野4丁目5-6	男	25	…
千叶县浦安市舞滨1-1	女	30	…
…	…	…	…

住址	性别	年龄	…
东京都文京区	男	30至39岁	…
东京都文京区	男	30至39岁	…
东京都文京区	男	30至39岁	…
东京都墨田区	女	40至49岁	…
东京都墨田区	女	40至49岁	…
东京都墨田区	女	40至49岁	…
东京都台东区	男	20至29岁	…
东京都台东区	男	20至29岁	…
东京都台东区	男	20至29岁	…
千叶县浦安市	女	30至39岁	…
…	…	…	…

无法锁定特定的个人

图6-10 通过k-匿名化加工过的信息无法识别特定个人

要点

- 假名加工信息是指通过对个人信息的加工得到的如果不对照其他信息就无法识别特定个人的信息，这种加工被称为“假名化”。
- 匿名加工信息是指通过对个人信息的加工得到的无法识别特定个人的、无法复原的信息，这种加工被称为“匿名化”。
- k-匿名化是令具有相同属性的数据的数量达到k个以上的转换方法。

6-7 对数据的流通、一般使用与充分利用进行思考

数据驱动型社会、超智能社会、信息银行

日本政府积极推进数据的充分利用

日本总务省在 2017 年版《信息通信白皮书》中设置了名为《数据驱动型经济与社会的变革》的特辑。伴随《官民数据活用推进基本法》的制定、《个人信息保护法》的修改与施行，日本政府展现出了结合人工智能与物联网技术，积极推进大数据的一般使用与充分利用的姿态（图 6-11）。

日本总务省在 2020 年版的《信息通信白皮书》中使用了数据驱动型社会这一词语。在这份白皮书中，日本政府提出了实现向数据驱动型的超智能社会转型的 21 世纪 30 年代数字经济与社会愿景。

日本政府的意图是先通过物联网收集现实世界中的数据，再将这些数据存储在服务器空间中，之后**将利用人工智能得到的分析成果回馈到现实世界中，促进经济发展问题与社会问题的解决**。日本政府的目标是构建立足于海量数据实现服务器空间与现实空间高度融合的“社会 5.0”（图 6-12）。

充分利用有价值的数据

在数据驱动型经济、数据驱动型社会中，如何充分利用个人相关数据是一个引人注目的问题。在这个领域，信息银行负责管理各种各样的运营商收集的个人的历史行为、购买历史等信息，将信息提供给其他运营商（图 6-13）。

在这种情况下，关于数据的使用方、使用目的，必须取得信息所有者本人的同意。接受数据提供的运营商能够在允许的范围内使用详细的数据。

乍一看，受益的好像只有运营商，其实，对于信息所有者个人而言，他们也能获得如同将金钱存入银行获取利息那样的好处。也就是说，**通过提供信息，其本人和社会都能得到有益的回馈是信息银行的特点。**

此时，个人可以根据自己的意志，将自己的个人相关数据储存到个人数据商店（PDS）中。

服务器安全基本法

关于数据流通的服务器安全强化（2014年制定）

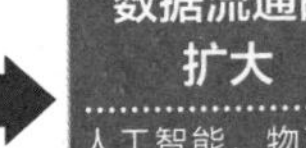

数据流通的扩大

人工智能、物联网相关技术的开发与有效利用

服务器安全基本法

为了保证个人数据流通的安全，建立了通过将个人信息加工成匿名加工信息来促进安全、自由的个人信息使用与活用的制度（2015年修改）

立足于原则信息技术的高效化

生成出来、得到流通、共享、充分利用的数据量飞跃般地增加

《官民数据活用推进法》

图 6-11　数据的流通、使用与活用相关法律的定位

资料来源：根据日本总务省《2017年版信息通信白皮书》中“数据的流通、使用与活用相关法律的定位”制作而成。

图 6-12　力争实现“社会5.0”

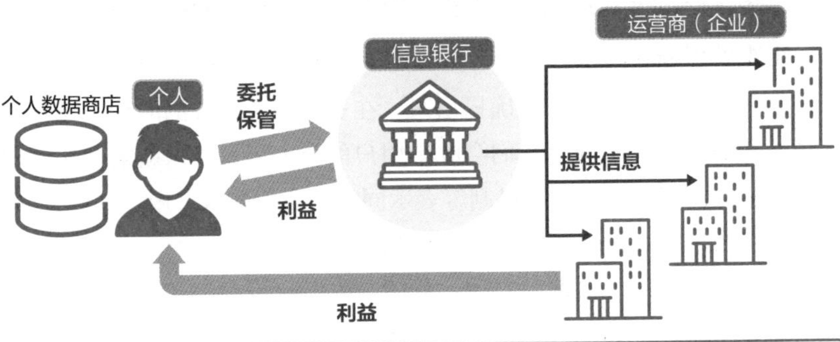

图 6-13　负责管理、提供信息的信息银行

要点

- 数据驱动型社会是指能够基于数据解决经济发展与社会问题的社会。
- 信息银行通过存储个人的历史行为、购买历史等信息，从而从运营商、银行获得某些好处。

6-8 制定处理数据时的规则

信息安全政策、隐私政策

作为一个组织制定统一的信息安全规则

在一个组织里，能够展示这个组织的有关信息安全的基本观点的是信息安全政策。通常，信息安全政策如图 6–14 所示由“基本方针”“应对标准”“执行步骤”构成。有时人们会将基本方针和应对标准合称为“信息安全政策”。

信息安全政策是以书面形式制定出来的，是组织内所有成员的关于信息安全的共同规则。对于组织内部人员，信息安全政策能够发挥统一认识的作用。

信息安全政策并不是制定出来就万事大吉了。由于组织所处的环境不断发生变化，组织所处理的数据的种类、数据风险也会不断变化。因此，我们必须**定期修改信息安全政策。**

公示个人信息收集相关的观点

组织处理顾客的个人信息等数据时，需要书面制定隐私政策，将与个人信息保护相关的观点明确提出来。在实施问卷调查的时候、用户在网站上注册会员的时候，我们会收集用户的个人信息，这就需要用户对个人信息的使用目的、管理机制等表示同意。我们要取得用户的同意时，就需要向用户展示我们的隐私政策（图 6–15）。

我们在收集到个人信息之后，只能在隐私政策规定的范围内使用这些信息。对于收集到的个人信息，如果在隐私政策中并没有“汇总用户信息”“制作统计数据”等条款，那么我们就不能做分析。

因此，我们需要事先确定收集数据的方法、数据的用途，再制定隐私政策，**隐私政策的内容必须取得信息提供者的同意。**

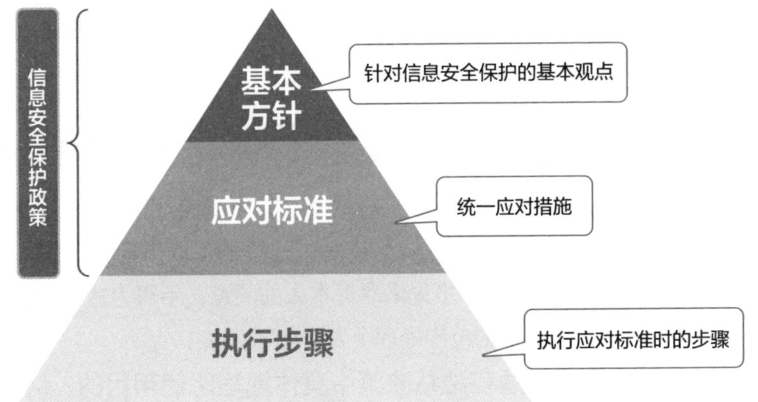

图 6-14 信息安全保护政策是什么

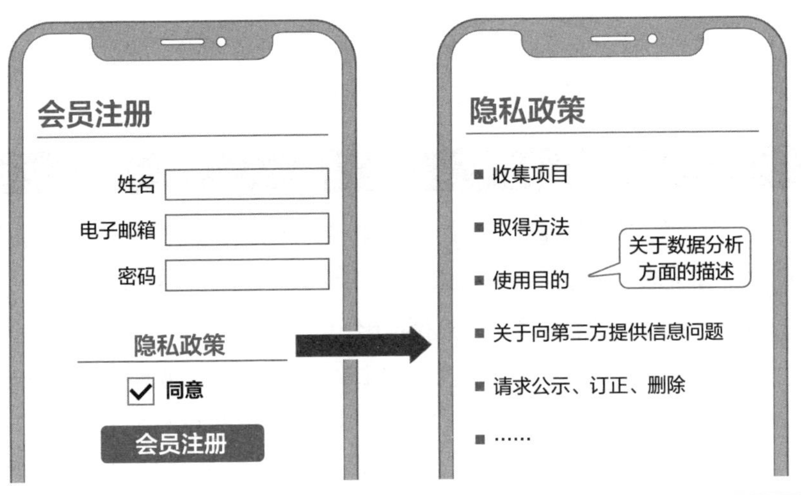

图 6-15 对于个人信息收集必不可少的隐私政策

要点

✐ 不同的组织所处理的数据的种类、内容、数据风险各不相同，所以信息安全政策需要由各个组织分别制定。

✐ 组织在收集个人信息时，必须取得用户对隐私政策的同意。

6-9 公示收集数据的目的

使用目的、选择加入、选择退出

明确使用目的

在《个人信息保护法》中，有这样的条款："个人信息处理运营商在处理个人信息时，必须尽可能地限定其使用的目的（以下简称'使用目的'）""个人信息处理运营商如事先未取得本人的同意，不得为达到前条所规定的使用目的而超过必要的范围处理个人信息"。

也就是说，**我们必须在隐私政策中具体地写明**使用目的。例如，使用"用于业务活动""用于市场营销活动"的说法就会显得不够具体，我们需要使用"用于发送商品""用于印刷收件人姓名"等描述具体内容的说法。

如果为了做数据分析而需要对信息进行统计处理时，我们可以在使用目的中事先加入"制作统计信息"的项目（图 6–16）。

选择加入与选择退出

人们在发送快讯商品广告时，事先取得对方同意的方法被称为"选择加入"，事先未经对方同意就发出快讯商品广告，如果遭遇对方拒绝，以后就选择不再发送的方法被称为"选择退出"（图 6–17）。

《个人信息保护法》原则上禁止在未经本人同意的情况下，向第三方提供个人信息。人们在办理了一定的手续之后，就可以不经本人同意向第三方提供个人信息，这就是"选择退出"。反之，人们事先取得本人同意的做法就是"选择加入"。

人们通过选择退出的方式向第三方提供信息时，本人是能够拒绝的。如果本人提出停止提供的申请，即使是在已经向第三方提供了个人数据之后也能叫停提供。针对采用选择退出的方式向第三方提供个人数据的情况，有严格的规定。此外，人们不能以选择退出的方式向第三方提供需要特别留意的个人信息。

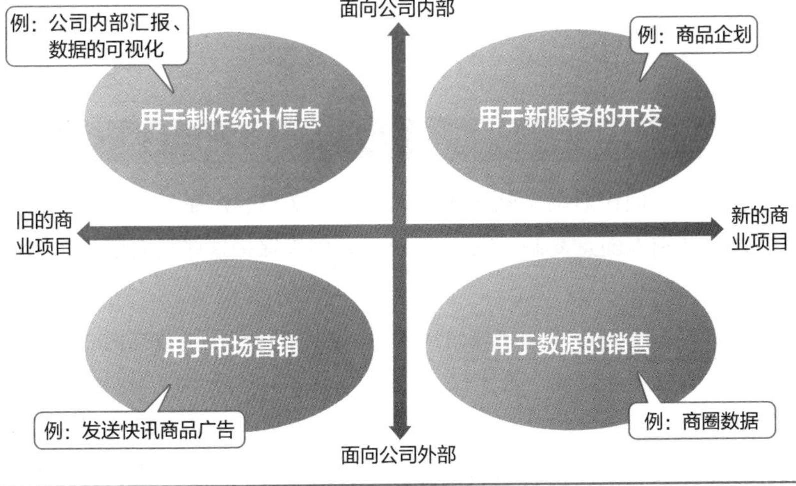

图 6-16 涉及数据分析的使用目的的分类

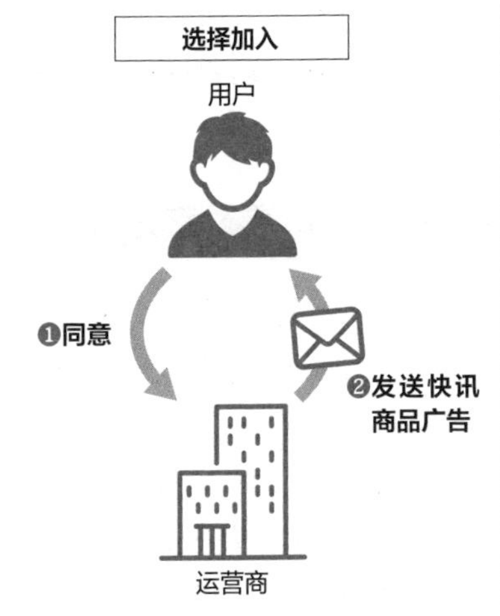

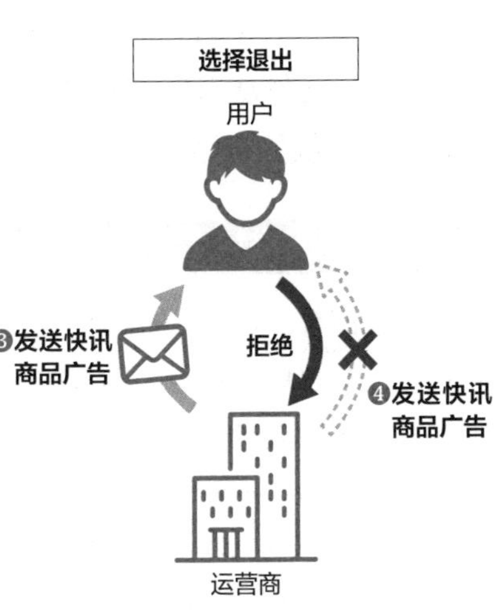

图 6-17 选择加入与选择退出（发送快讯商品广告时）

要点

- 人们在使用个人信息时，需要具体写明使用目的。
- 采用选择退出方式向第三方提供个人信息的时候，事先无须取得本人同意，但是，如果遇到本人反对，本人具有行使拒绝的权利。采用选择加入方式向第三方提供个人信息的时候，需要事先取得本人的同意。

6-10 了解保有数据的权利

知识产权、著作权

保护知识产权

人们通过创作活动不断推出新的创意、文章、产品，它们需要受到保护，不被别人随意复制。知识产权就是用来保护这些具有财产价值的事物的。

如图 6-18 所示，知识产权的种类非常丰富，在使用数据时，我们必须重视发明权、商标权、著作权。

在这里，我为各位介绍一下著作权。在互联网上、书籍及其他地方有许许多多的文章。我们不能随意复制别人书写的文章作为自己的文章来发表。不只是文章，音乐、图像、程序等同样都是受到法律保护的。

著作被创作出来的同时，就会自动产生著作权，无须任何申请手续。也就是说，**著作从诞生的时刻起就产生了著作权，对著作的随意使用是侵犯著作权的行为**。

数据的著作权

一般而言，数据本身不具有创作性，但是，按照某种项目对数据进行整理的数据库是拥有著作权的。也就是说，即使是针对已经公开的数据，对这些数据加以整理的人有时可以主张著作权。

不过，如果是将海量数据用于分析、机器学习，根据日本著作权法第三十条第四款（关于不以自己或让他人享受著作所表达的思想、感情为目的的使用）的规定，就有可能不涉及著作权（图 6-19）。

此时，我们需要注意整理、加工数据的地点。如果是在日本国内的服务器上进行整理、加工，那就会受到日本著作权法的约束。如果使用的是海外的服务器，情况可能会有所不同。

产业财产权	著作权	其他权利
• 发明权 • 实用新型权 • 创意权 • 商标权	• （狭义的）著作权 • 著作邻接权	• 商号权 • 肖像权

图 6-18 知识产权的分类

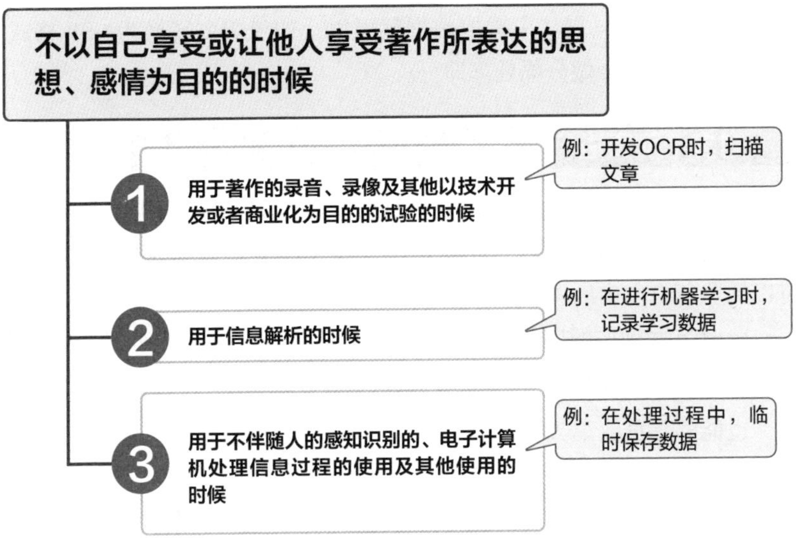

不以自己享受或让他人享受著作所表达的思想、感情为目的的时候

1. 用于著作的录音、录像及其他以技术开发或者商业化为目的的试验的时候
   例：开发OCR时，扫描文章
2. 用于信息解析的时候
   例：在进行机器学习时，记录学习数据
3. 用于不伴随人的感知识别的、电子计算机处理信息过程的使用及其他使用的时候
   例：在处理过程中，临时保存数据

图 6-19 日本著作权法“第三十条第四款”的规定

要点

- 人们在利用数据时，必须重视专利权、商标权、著作权等知识产权。
- 著作被创作出来的同时，就自动产生著作权。
- 在已对数据加以整理的数据库中会产生著作权，但是将这样的数据库用于机器学习等的时候，存在不涉及著作权的可能性。

6-11 自动获得外部数据

在网页提取所需的数据

我们想要分析数据，手上却没有数据的时候，可以采用从互联网的网站上提取数据的方法。因为网站会使用超文本标记语言（HTML）来描述网页的内容，所以我们只需从中提取所需的信息即可。像这样除去多余的信息，只提取想要的数据的做法被称为“抓取”。

如图 6–20 所示的是用名为 <table> 的标签以表格形式将数据整理起来的网页。我们只需从中提取数据就可以，如果想要转换为 CSV 格式，除去标签使用逗号做分隔处理即可。

对多个网页进行巡回

我们有时不是只从一个网页获取数据，而是从多个网页获取数据。比如，我们有时需要在每一页显示 20 条搜索结果、通过按顺序逐页推进可以阅览所有内容的网站上按顺序读取网页。

此时，这种按顺序翻看多个网页、在不同网站进行巡回的做法被称为“爬取”（图 6–21）。计算机具有快速处理的能力，即使网页数量非常多，也能够逐页收集数据。

然而，对于网络服务器而言，如果在短时间内受到连续访问，负担就会变得很重。如果使用手工方式进行爬取，不会产生任何问题。但是，**如果使用程序进行爬取，有可能超过服务器的处理能力，造成服务器宕机。**

因此，我们在爬取数据的时候，需要调整读取的间隔。例如，我们可以让程序以几秒一次的频率访问网页，让程序做巡回处理。

https://example.com/search

排位	球队名称	胜	负
1	巨人	30	20
2	阪神	27	23
3	广岛	25	25
…	…	…	…

抓取处理

运行结果（CSV）

排位，球队名称，胜，负
1，巨人，30，20
2，阪神，27，23
3，广岛，25，25
…

```
<html>
<body>
    <table>
        <thead>
            <tr><th>排位</th><th>球队名称</th><th>胜</th><th>负</th><tr>
        </thead>
        <tbody>
            <tr><td>1<td><td>巨人<td><td>30</td><td>20</td><tr>
            <tr><td>2<td><td>阪神<td><td>27</td><td>23</td><tr>
            <tr><td>3<td><td>广岛<td><td>25</td><td>25</td><tr>
            …
        </tbody>
    </table>
</body>
</html>
```

图 6-20 抓取的机制

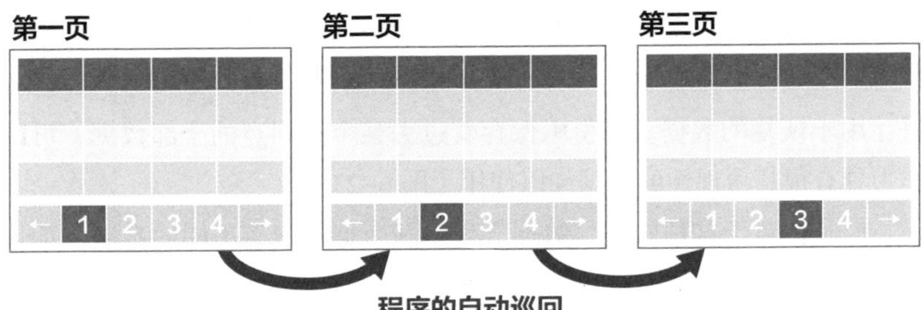

图 6-21 爬取的机制

要点

- 人们在网页上只提取需要的数据的行为被称为“抓取”。
- 人们按照一定顺序翻看多个网页的行为被称为“爬取”。在进行爬取时，需要调整翻看速度以避免给网络服务器带来负担。

6-12 对保有数据的读取进行管理

访问控制、备份

仅赋予最小的权限

我们要想分析数据，就必须能够访问要分析的数据。但是，**实际上并不是任何人都可以访问任何数据的。**有一个常用的词叫作**"最小特权"**。最小特权是指除了工作上必不可少的部分，只赋予对方最低限度的权限。在访问数据中，这种限制的做法被称为"访问控制"（图 6–22）。

不仅针对计算机，人们针对网络和数据库也会使用最小特权。即使有必要让对方访问，也不会允许对方一直都能访问，**而是仅限于特定的领域暂时赋予对方权限，待工作结束后，管理员会将权限收回。**

为应对人们对数据库的访问，如果事先构建向主管或管理员提交申请、接受申请的流程，就可以在发生数据被泄露、数据被改写的问题时，找出原因所在，将问题的影响控制在最小范围内。

分析数据时使用备份的风险

有时人们出于汇总分析所需的数据、验证已创建的模型等目的，需要对数据进行备份。通常，人们做备份是为了应对故障或误操作的发生，保存用于恢复的数据。备份中保存着过去某个时间点的全部数据，可以作为具有很高再现性的数据加以使用（图 6–23）。

但是，对于这种做法，数据管理员和数据用户有不同的看法。如果人们将备份用于原本用途以外的用途，就有可能引起许多问题。

比如，在备份数据中，如果没有分别设定访问权限，访问控制就会不起作用。此外，误操作也存在造成备份数据丢失的风险。因此，我们不要将备份用于原本用途以外的用途。

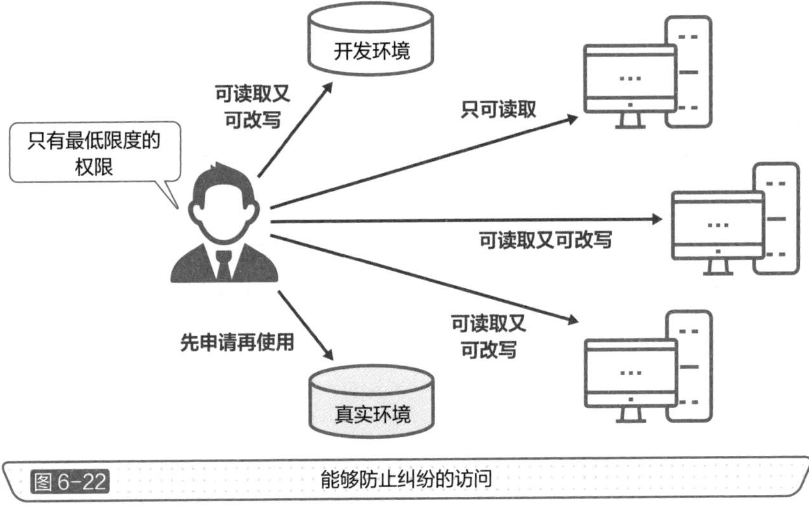

图6-22 能够防止纠纷的访问

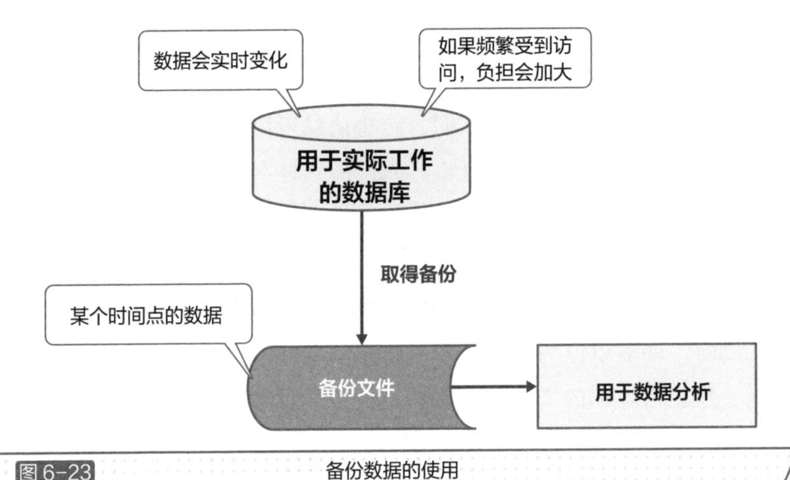

图6-23 备份数据的使用

要点

- 通过设限使对方只能访问所需的数据被称为“访问控制”。
- 由于备份数据囊括了某个时间点的全部数据，将其用于数据分析会非常方便。但是，这并不是做备份的初衷，我们应该考虑使用其他的方法。

6-13 防止从内部带出数据

定期进行审计

平时，我们可以看到许多关于信息泄露事件的新闻报道，从统计上观察泄露事件的数量，就会发现**相比受到外部攻击，由误操作、管理错误、内部信息带出所引起的信息泄露事件之多是具有压倒性的。**那是因为，人们从外部发起攻击时，很难了解重要信息保存在哪里，但是如果由内部人员带出的话，情况就会不同，原因在于内部人员在平时的工作中已经知道哪些信息更为重要。

此外，数据分析人员出于工作需要会经常接触大量的数据。其中就包括许多其他公司渴望得到的销售额信息、库存信息、个人信息、信用卡信息等各种各样的数据。如果分析人员将这些信息带出去，在不少情况下可以卖个好价钱。

总之，在这种情况下，人们为防止信息带出，除了采取各种技术手段，还必须制定规则，监控日志。人们需要针对信息资产的管理状况定期进行审计以确认其是否得到了妥善管理（图 6–24）。

防止数据带出

目前，许多单位为了从技术上防止信息外泄，贯彻执行了设置访问权限、禁止与外部的文件共享、禁止使用优盘等措施。这些措施具有监控“用户”的性质，能够通过对用户的行动设限防止不当的数据带出。

最近，一种名为“数据泄露防护”（Data Leakage Prevention，DLP）的针对“数据本身”实施监控的机制引起人们的关注。图 6–25 所示的就是一种先将包含在数据中的关键词设为条件，包含这个关键词的文件一旦被复制，系统就会报警的手法。此外，还有先对被称为“指纹”的文件特征做记录，以此对针对类似的文件、文件夹的操作做出判定的方法。

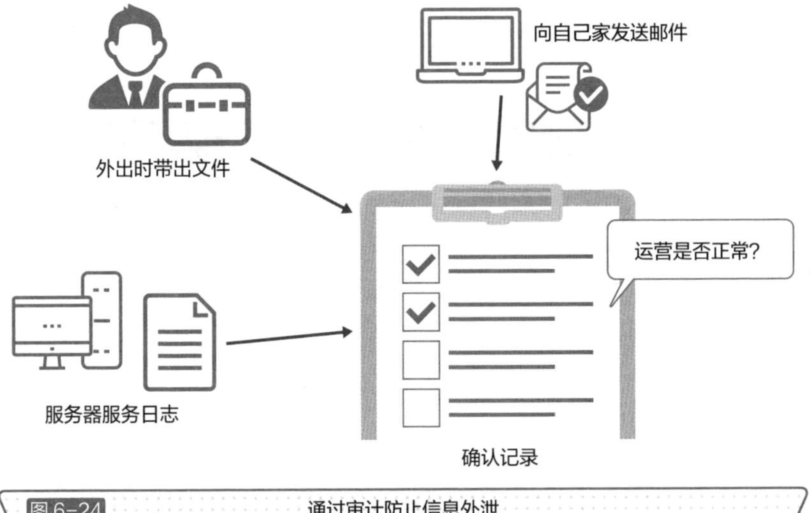

图 6-24 通过审计防止信息外泄

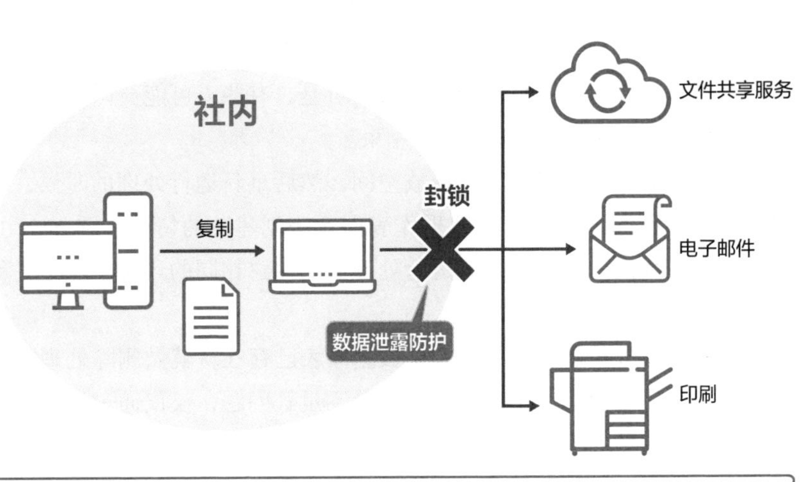

图 6-25 用于监控数据的数据泄露防护

要点

- 为确保信息资产得到正确的管理，需要定期进行审计。
- 为了防止信息外泄，人们经常使用数据泄露防护等监控技术。

6-14 每次都能得到相同结果

再现性与幂等性

人们多次执行某个操作时总是得到相同的结果，这种情况被称为具有再现性。我们在论文中发表实验结果时，如果其他人在相同的条件下进行实验时却得不到相同的结果，这就会很麻烦。

有一个与再现性意义相近的词叫作“幂等性”。幂等性是一个数学上的概念，意思是人们在执行某种操作后，无论重复多少次相同的操作，都能获得同样的结果。

求幂等性的实例

假设我们创建了一个数据库表，实现了投入数据的处理运行，之后，我们将处理方式分发给多个人（图 6-26）。按理说任何人运行这个处理方式都应该能创建出同样的数据库表。可是，有些人可能会因为容量不足而在投入数据的过程中遭遇异常结束。

可能在尝试删除其他文件释放空间，然后重新运行处理的时候，又遇到“由于数据库中已存在数据库表而无法创建”的情况（图 6-27）。这样一来，我们仅仅通过重新运行处理无法构建相同的环境。这是一种无法保持幂等性的状态。

然而，如果我们事先将“如果数据库表已存在，就做删除处理”的操作加入处理之中，途中即使遇到容量不足等问题，仅仅通过再运行就能够重现相同的环境。当然，那些没有遭遇出错而顺利地创建出数据库表的人们无论运行多少次相同的处理，都能够重现同样的环境。

最近，人们在数据分析领域，从数据基础设施构建到针对机器学习的处理方面广泛开展了各种业务。在这些业务中，人们不仅会**追求再现性，还会追求保持幂等性。**

因此，不使用程序手册，而是用源代码来描述程序的基础设施即代码（Infrastructure as Code，IaC）的手法引起人们的关注。

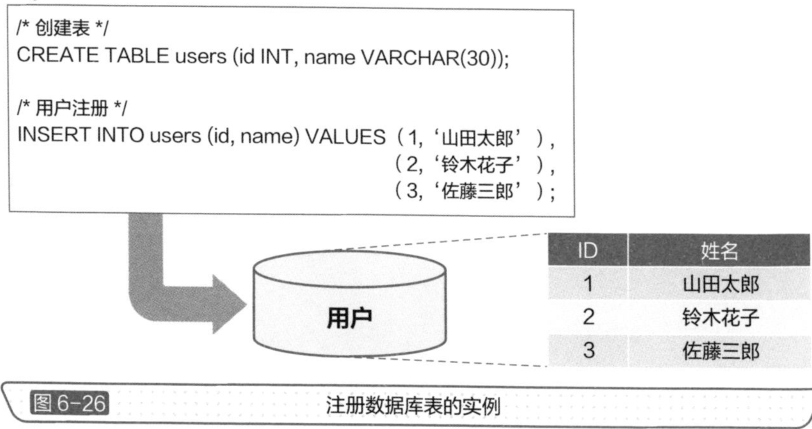

图 6-26 注册数据库表的实例

SQL文

```
/* 创建表 */
CREATE TABLE users (id INT, name VARCHAR(30));      ← 正常结束

/* 用户注册 */
INSERT INTO users (id, name) VALUES（1,‘山田太郎’）,  ← 异常结束
                                   （2,‘铃木花子’）,
                                   （3,‘佐藤三郎’）;
```

再运行

SQL文

```
/* 创建表 */
CREATE TABLE users (id INT, name VARCHAR(30));      ← 异常结束（表已存在）

/* 用户注册 */
INSERT INTO users (id, name) VALUES（1,‘山田太郎’）,
                                   （2,‘铃木花子’）,
                                   （3,‘佐藤三郎’）;
```

如果表已存在，就做删除处理
DROP TABLE IF EXISTS users;

图 6-27 为再运行做好准备

要点

- 幂等性是指无论如何重复同样的操作都能得到相同的结果的状态。
- 在基础设施构建、机器学习中，人们会追求同样结果的再现性。